明日、もっとキレイになる♡
りんくまがじん

この本を手にとってくださったみなさま。

ありがとうございます！

私は気持ちをキラキラさせてくれるコスメがずっと好きだったのですが、

高校を卒業して自分を磨く時間が増えたのをきっかけに、

もっと知識をつけたいと思い、自分なりに研究してきました。

そんな美容愛は専属モデルを務めるSeventeenでも

何度か紹介してきましたが、実はまだまだ紹介したいものばかりで！

なので普段やっていることから、心掛けまで

この１冊にぜーんぶ詰め込んでみました。

私自身、美容に目覚めて、

自分の肌や体調を気にし始めてから、より前向きになりました。

そしてなにより、

もっと自分のことを理解できるようになった気がします。

かわいいコスメも、キレイになる方法も。

世の中にはたーくさんあふれていて、

だから自分に合うものは絶対にあるはず。

一度扉を開けば、そこには限りない可能性が広がっている！

この本を読んだかたが、

明日からもっと自分を好きになるきっかけになれば嬉しいです。

久間田琳加

CONTENTS

MYSELF

Zodiac sign

Pisces うお座

Place of birth

Tokyo 東京

Height

164cm

Blood type

AB

Shoe size

24cm

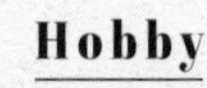

Hobby

Read girls manga ,
Study cosmetics & make ups ,
Watch movies ,
Clean up my room ,
Watch OWARAI ,
Visit Museum

少女漫画を読む、
コスメやメイクの研究、
映画鑑賞、お掃除、
お笑い鑑賞、美術館巡り

Favorite food

Meat お肉

Favorite season

Spring 春

Favorite color

Pink , Beige

ピンク、ベージュ

Specialty

Curling my eyelashes

まつげを
キレイにあげる

Hello!!

I'm Kumada Rinka♥

Name

Kumada Rinka

くまだりんか

Date of birth

2001. 2.23

Nickname

RINKUMA

りんくま

Occupation

Model

モデル

SNS

Instagram

@rinka_kumada0223

Twitter

@lespros_rinka

“がんばり始めたらもう、
かわいくなり始めてる！”

かわいくなりたいって思った瞬間、さっきまでより１歩前進！
それで雑誌読んだり情報を集めたりしたらさらに１歩知識が増えて、
その情報をもとに行動してみたら何十歩も進んでいる。
そもそも、がんばろうって気持ちがもう、かわいいと思う！
わかりやすい効果がすぐに表れなくても、少しずつ積み重ねていくことで
何かは絶対に変わってるって、信じてます。

Beauty mind

りんくま的 キレイを作る思考

“特別〝前向きにならなきゃ〟って思っているわけではないけれど、
ちょっとした気持ちの持ち方で、意識が変わっていくんじゃないかなって思います。
普段考えていることが、少しでも参考になればうれしいです♡”

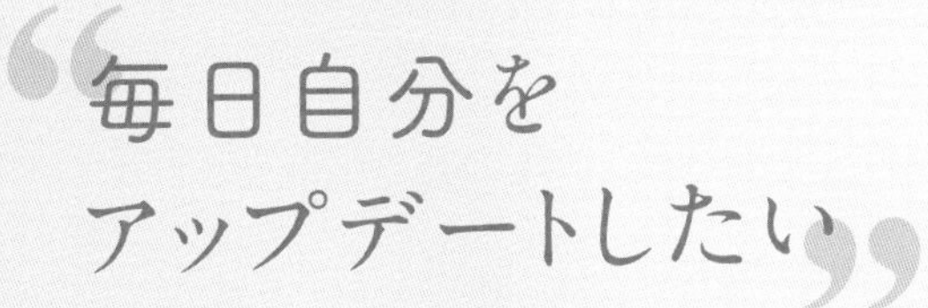

メイク は前の日と同じには絶対しない！
いろんな自分を見つけたいと思ってるから。
思いもよらぬところで「すごくいいじゃん」
って発見があるのも、楽しい！
スキンケアも日々調子に合わせて変えることで
しっかり自分の状態に向き合える気がします。
行動面でも常に新しいことに挑戦して
新しい自分を発見していけたら素敵だな。

“努力は楽しみに変えたもの勝ち！”

がんばってて大変じゃない？って言われることもあるけれど、
がんばって自分が良い方向に変わっていくこととか。それをまわりの人に
気づいてもらえることとか。その喜びのほうが、私にはずっと大きくて。
変化は嬉しくて、楽しい！　努力はその嬉しさを得られる手段！

“見えないところもいつだって手をかけておく”

憧(あこが)れは、きちんと自分に手をかけている女性。
作りの美しさ自体よりも、しっかり自分の
ケアをしていることのほうが素敵だなって
思います。だから冬でも足のネイルを
塗らない日はないし、服で隠れる部分の
保湿も欠かさない！
かわいい服とメイクだけでもかわいいのに、
さらに見えない部分まで気をつけてたら
それ以上になれる♡

“しっかりケアした夜は、明日が楽しみになる”

ストレッチしてパックして、髪の毛もいい感じでベッドに入ると
明日早く目覚めておしゃれしたいってワクワクする！
かわいい明日は、きっと前の日の夜からスタートしてる☺
と言いつつ、ボサボサな感じで目覚めた朝は、「ここからどんな風に直して
メイクしよう？」って考えるのも楽しいんだけど（笑）。

“メイクが今日の自分をなりたい自分にしてくれる”

大人っぽさも、ナチュラルなかわいさも、クールな雰囲気も。
朝の数十分で印象を変えられるのって、すごいことじゃない!?
さぁ今日はどんな自分でいく？って考えながら、
メイクひとつでどんな人にだってなれるのが最高に楽しい！

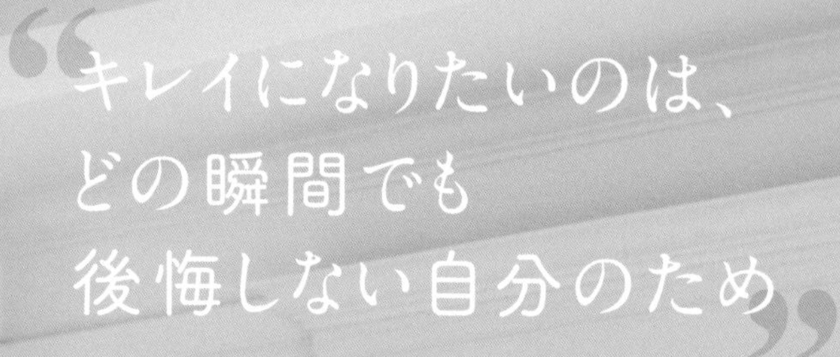

“キレイになりたいのは、どの瞬間でも後悔しない自分のため”

誰かと偶然会った時、自分のコンディションが
気になったり、「あーメイクしておけば
よかった！」とか思いたくなくって。
キレイになって人からどう見られたいかと
いうより、いつでも後悔しない
自分のためだと思ってます。
その人と向き合う時間を大切にしたいから
自分をケアしていなかった後悔で
気が散りたくないっていうのもある。

“失敗するほど、確信が見つけられる”

お出かけしたあとに、「今日のメイク、
いまいちだったな……」ってテンション
下がる日ももちろんある！　でもそれって
「これは自分には似合わなくて、前の日の
ほうがいい」っていう気づきになる。
失敗しながら確信を見つけていければ
結果自信につながっていくんじゃないかな？

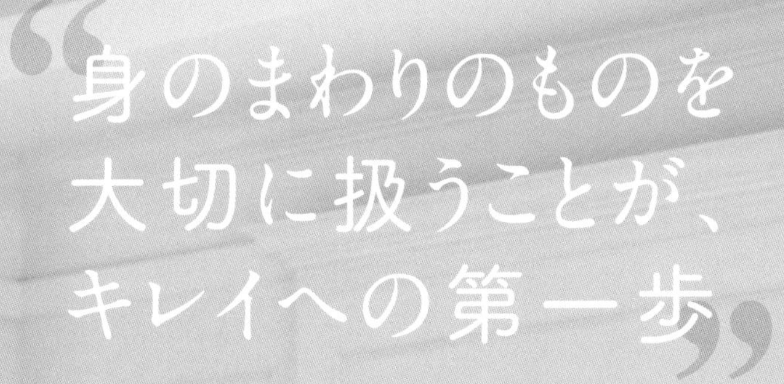

“身のまわりのものを大切に扱うことが、キレイへの第一歩”

物を大切に扱うことも、内面のキレイさに
つながる気がして。コスメもお洋服も大切にするし、
お休みの日はコスメ棚も整理して、
部屋をキレイにするのがルーティン。
コスメって見た目がかわいいものが多いから、
ポーチをひらいた時に、コスメがキレイだと
それだけで気持ちがよくて
メイクをする楽しさもアップしちゃう♡

“1日のスイッチはメイクでON”

メイクをしていない私は完全にオフモードの
お寝ぼけさん(笑)。メイクをすることで
スイッチが入って、そうするとお出かけ
したくなって、行動力が上がって、
楽しいことに出会えるチャンスも、
グーンとアップするような気がしてます。

Addicted to makeup

“はじめてメイクをした時から、メイクの魔法に夢中！
朝、鏡の前で「今日はどうしよう♡」って
考えている瞬間がとっても幸せです。メイク
ひとつで人に会いたくなったり、おしゃれ
したくなったり。気持ちまで変えてくれるから！”

りんくま的メイク 5のキーワード

keywords of make-up

keyword

1. 女子っぽでいく♡ ウォーミィまぶた

とにかく、暖色アイシャドウLOVE♡
プライベートでメイクをする時によく使う
ブラウン系のアイシャドウは、特に
暖かみのある色ばかりを選んじゃう。
それと、メイクをする時のルールが
あって、二重幅より広めに色を
のせてしっかり発色させること。
アイラインを使わない日も多いんだ
けれど、これなら目元を
締めなくても盛れるの。
暖かみのある色なら
女子っぽさも感じられて
とっても私好み♡

\point/

アイシャドウを指にとってさっと。
二重幅より広めにのせるのが基本で、
もっと広範囲にするのもハマリ中。

keyword

2.

ちょーどいい
ツヤ狙(ねら)いな

うるおい100%肌

"ツヤ"とか"透明感"のある
うるおっている肌って「女子っぽさ」を
高めてくれる重要なポイント。
土台となる肌作りは毎日の積み重ねが
大切。そのうえで、ミニマムなベース
メイクを。そこでキモになるのが
メリハリのある質感。ハイライトのツヤは
マストで、パウダーを使って
部分的におさえる。この肌作りが
ジューシー感ある肌には欠かせない！

\point/

保湿重視のスキンケアが何より大事。ハイライトは目の下あたりに"C"に、鼻の根元＆鼻先、唇の山にも。Tゾーンはパウダーでマット仕上げに♪

だ～い好きなリップは色選びも
大事だけれど、塗り方にもこだわりが。
唇の輪郭よりもちょいオーバーに
塗って色っぽさを意識するの。
どんな色のリップでも
唇をボリュームアップさせると
とたんに色気があふれ出る♡
そのためにはきちんと発色
するリップってコトも私的には重要。
オーバー塗り×高発色リップで
口元の色気は高めでいきたいな。

keyword

3. ちょいオーバーで色気増しリップ

\point/

きれいなリップラインに仕上げるためにブラシを使うのにハマってる。丁寧に塗ると、きちんと感も出る！

keyword 4。全方位抜かりなし！

羽ばたきまつげ

まつげ上げるの得意なの♡　羽ばたきそうなこの感じ、
長さとカールを意識してメイクしているからなんだ〜。
大事なのはバサバサっとしているのに、根元から毛先まで繊細に
仕上げること。だって、まばたきしても、横顔を見られても、
眠くて目元がとろ〜んとしても、キュートな表情が
キープできるから。私のメイクに必須で大切にしてるパーツだよ。

\point/

▼

まつげのカールはビューラーで。自然にくるっとする程度でOK。マスカラはロング＆カールタイプで上下にしっかり塗り。

keyword

5. 上気肌チーク

じゅわっとほてった

ほてっている時のほっぺって赤ちゃんみたいに見えない？　その感じが好きで、メイクでもじゅわっと上気している風をイメージしてる。さらさら質感にしたいからパウダーチークを使うことが多いけどのせ方にルールは作らないで気分でシュシュシュッと♪　チーク、として目立たせるより、肌の色としてなじむような自然な感じがイイ。

\point/

チークブラシにとってからほおにのせるよ。最近は、少し下のほうにシュシュッとラフにのせるのが気分♡

りんくま的

神コスメList

“心からコスメが大好きで、常に情報のインプットは欠かさないようにしてる。いろいろ試したなかから見つけたリアルに使って、リピ買いして、みんなにもおすすめしたい！と思う〝神的〟存在のコスメ、全部見せます！”

A.
3CE
ムードレシピ
マルチアイカラー
パレット
#OVERTAKE

「万能な９色だから、このパレットがひとつあれば毎日違ったメイクを楽しめる！　旅行中もこれだけでOK！」¥4910／STYLENANDA 原宿店

B.
DECORTÉ
コスメデコルテ
アイグロウ ジェム
BE387

「テクスチャーも色も今っぽく、デイリー使いにもってこい。派手すぎないけど存在感がきちんとあって◎」¥2700／コスメデコルテ

C.
WHOMEE
アイシャドウパレット
center pink

「『WHOMEE』のアイシャドウってどれも好き♡　なかでもこれは目元の透明感がアップするし、私の好きな服のテイストにも合うんだ」¥1800／Clue

E.
CANMAKE
パーフェクトマルチアイズ 03

「マットなタイプが好きでよく使うけど、そのなかでもコスパが最高。ホリ深な目元に見えるし、５色すべて捨て色なし！」¥780／井田ラボラトリーズ

D.
ONLY MINERALS
N by ONLY MINERALS
ミネラルピグメント 01

「石鹸オフできる目元にやさしいところが嬉しい。このアプリコットカラーは一目ボレで、チークにも使ってワントーンメイクしてるよ」¥2300／ヤーマン

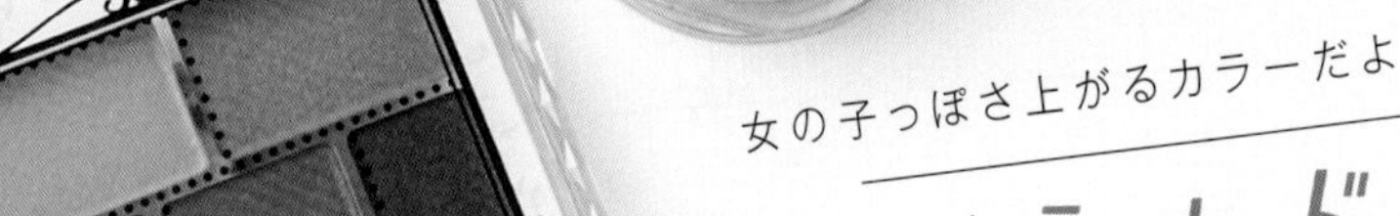

女の子っぽさ上がるカラーだよ

アイシャドウ
eye shadow

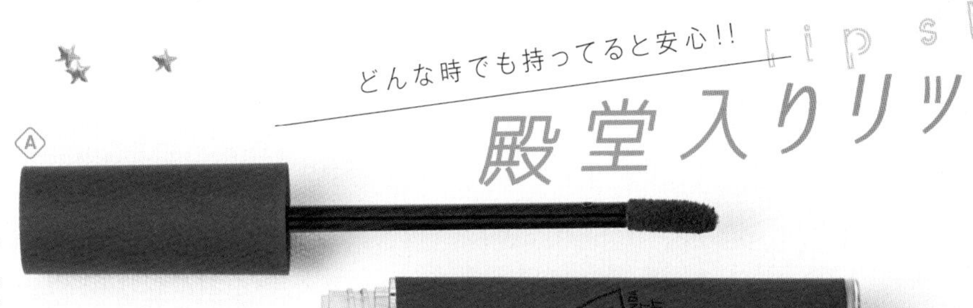

どんな時でも持ってると安心!!

殿堂入りリップ

lip stick

A.
3CE
ベルベット リップティント #SPEAK UP

「シフォンみたいな質感がお気に入り。これだけでシャレ感が出るから唇にたっぷり塗りたくなる♡」¥1940／STYLENANDA 原宿店

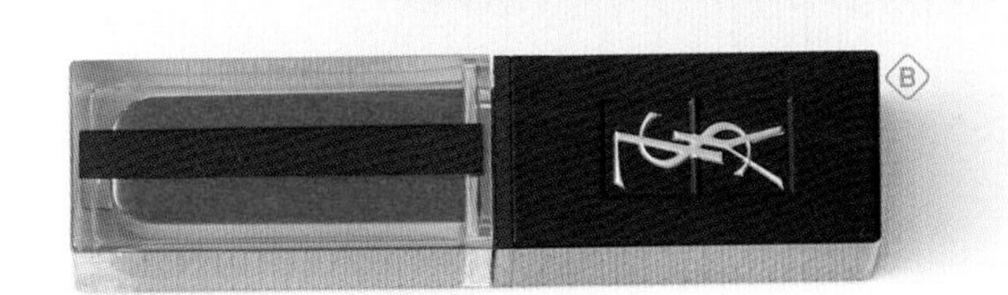

B.
YVES SAINT LAURENT
ルージュ ピュールクチュール ヴェルニ ウォーターステイン No602

「とにかくどんな服にも合うの！ジューシーなテクスチャーだから特に夏にぴったりだよ」¥4300／イヴ・サンローラン・ボーテ

C.
LiKEY BEAUTY
スムースフィットリップスティック 04

「塗り心地にしても、色合いにしても、ほどよいツヤの質感にしても、なにもかもが私好み。絶賛ヘビロテ中」¥1890(編集部調べ)／セルフマジック

気分によって選んでる

使い分けリップ

lip stick

A.
YVES SAINT LAURENT
ルージュ ヴォリュプテ ロックシャイン No2

「色×ラメのバランスが神がかってる。キラキラがきちんと見えるのもいいし、使うと大人気分にさせてくれる！」¥4300／イヴ・サンローラン・ボーテ

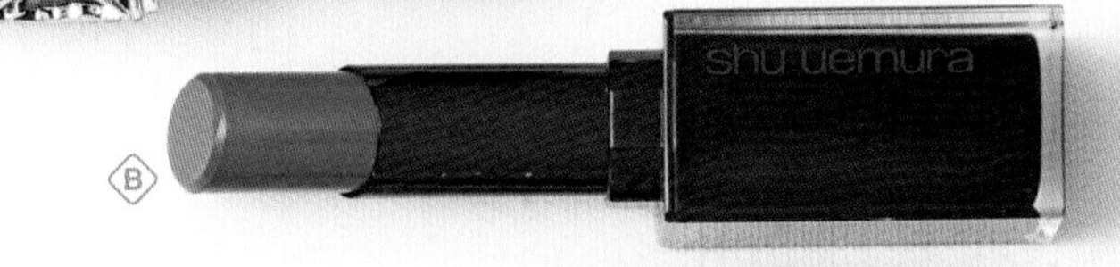

B.
shu uemura
ルージュ アンリミテッド アンプリファイド マット AM BG 963

「これはラフ塗りするのが気に入ってて。冬に厚手のニット＋このリップなんて、カワイさがすごい♡」¥3300／シュウ ウエムラ

C.
DIOR
ディオール アディクト ステラーシャイン 673

「塗るだけでハッピーな気分になれるツヤ感が好き。ちょっとしたお出かけする日にもってこいなの」¥4000／パルファン・クリスチャン・ディオール

D.
ONLY MINERALS
ミネラルカラーセラム 07

「甘すぎないのにカワイゲがある、〝大人カワイイ″がゲットできる1本。お店で見つけてソッコー買っちゃった♡」¥2500／ヤーマン

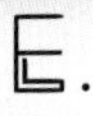

E.
DIOR
ディオール アディクト リップ グロウ オイル 015

「見た目からしてかわいいし、リッチなツヤっぽさもラブ♡ 女の子っぽくメイクしたい日に」¥3800／パルファン・クリスチャン・ディオール

りんくま肌はコレが決め手

化粧下地 base

A. LANCÔME

UV エクスペール トーン アップ n

「出会った時からずっとスタメン。UVケア効果も高く、海外に行く時も常備！」SPF50+・PA++++　30mℓ¥5800／ランコム

B. GIVENCHY

プリズム・プライマー No.01

「トーンアップしたい、少しお疲れ顔の日に。Tゾーンやほおの高い位置にのせる程度で健康的な明るさに」SPF20・PA++　30mℓ¥5900／パルファム ジバンシイ

C. DIOR

ディオール スノー スノー パーフェクト ライト クッション 000

「透明感ある肌に見せたい時に欠かせない。クリアなのにこれだけでも美肌見え」SPF50・PA+++¥8500／パルファン・クリスチャン・ディオール

肌状態に合わせてセレクト

ファンデーション foundation

A. DIOR

ディオールスキン フォーエヴァー クッション 2N

「カバー力があるから、チークレスにしてメイク感出したい時にぴったり」SPF35・PA+++¥7500／パルファン・クリスチャン・ディオール
※現在はパッケージがリニューアルし変更となっています。

B. HAKU

薬用 美白美容液 ファンデ オークル10

「ほぼ毎日使用中。素肌感も出せてオールシーズンいける」［医薬部外品］SPF30・PA+++　30g¥4800（編集部調べ）／資生堂

C. ALBION

スキングレイジング ファンデーション

「季節の変わり目とか、肌が敏感になっている時に使う用。ゆらいでいても私の肌との相性がバッチリみたい☺」SPF25・PA+++　30g¥6000／アルビオン

ポイント使いでテカリ防止

パウダー powder

A.
innisfree
ノーセバム ミネラルパウダー

「ベースメイクの仕上げにマスト。ツヤ系ファンデーションが好きだから崩れないようにTゾーンやあごにのせてサラッとさせてるよ」¥750／イニスフリー

B.
BANILA CO
プライム プライマー フィニッシュ パウダー

「韓国や中国など、アジアの女の子を意識したメイクにする時は、このパウダーでマット肌に。服や気分でベースメイクも変えてるんだ」／本人私物

ツヤ命だから欠かせない

ハイライト highlight

A.
THREE
シマリング グロー デュオ 01

「クリーミーなのに肌にのせるとサラサラになるのがgood。基本は右の色をハイライトとして、左の色はアイホールにのせることも♡」¥4500／THREE

B.
L'ORÉAL PARiS
ル バー ア ブラッシュ 15

「いつもよりちょっと盛りたいって時はこのハイライターで。きちんと感も出るからスペシャルな予定にも」¥1500／ロレアル パリ

C.
DECORTÉ
コスメデコルテ ディップイン グロウ

「肌にのせた時のパール感がちょうどイイ！ 目尻に近いCゾーン、鼻筋やあごにのせキラリとさせてる」¥3500／コスメデコルテ

困った時に頼れる！

コンシーラー conceal

A.
WHOMEE
コンシーラー ピンクベージュ

「ニキビカバーにも、ファンデーション代わりにも使える。これをベースにするとワンランク上の仕上がりになるし、とにかく万能」¥2000／Clue

B.
IPSA
クリエイティブ コンシーラーe

「自分に合った色をミックスするのが簡単！ カバーしたい悩みに対して色を作りやすくて重宝してる」¥3500／イプサ

自然な存在感が出るものを

マスカラ

A.
NARS
クライマックス マスカラ 7008
「濃いめの黒がばっちりまつげにしたい時に最適。ボリュームのある仕上がりを目指すなら、コレ！」¥3600／NARS JAPAN

色も質感もいろいろで楽しい♥

チーク blush

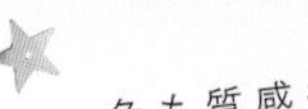

A.
SUQQU
ピュア カラー ブラッシュ 06
「のせた瞬間に透明感が出る！ ラベンダー部分とピンク部分の調和がキュート♡ ホワッとやさしい雰囲気にも」¥5500／SUQQU

B.
THREE
チーキーシーク ブラッシュ 21
「かわいい系に見えがちなチークは大人色を選びたくなることも。この赤っぽいレンガ色ならテクなしで叶う！」¥3000／THREE

A.
Elégance
カールラッシュ フィクサー
「素まつげが下を向いているんだけど、これを仕込んでおけば最強のカールがキープ可能！」¥3000／エレガンス コスメティックス

C.
ADDICTION
ティント リップ プロテクター＋モア 005 Summertime Kiss
「ほおの中央にのせると少女っぽさが出てたまらない♡ 上気した感じのピュア顔ができるよ」¥2500／アディクション ビューティ

B.
CANMAKE
クイックラッシュ カーラー 透明
「コームタイプのブラシが、根元から毛先まで繊細に仕上げてくれる！ 失敗知らずで使える」¥680／井田ラボラトリーズ

D.
DIOR
ディオールスキン ルージュ ブラッシュ 601
「メイクのアクセントになるけど、どんなテイストとの相性もいいパール感あり」¥5700／パルファン・クリスチャン・ディオール

まつげの仕上がりが段違い

マスカラ下地 mascara base

まだまだ研究中の私でも使いやすい

アイブロウ eyebrow

A. WHOMEE
アイブロウパウダー + red brown
「あかぬけるって、こういうことか！と気づかせてくれた1品。赤みのある色が今の髪の色とかなり合うの！」¥1800／Clue

B. WHOMEE
マルチマスカラ richeee
「アイブロウの仕上げに重ねると、ちょっとキリッとしてクールに見えるの。ホリ深な印象が眉で叶っちゃう！」¥1500／Clue

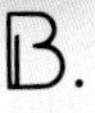

C. KATE
アイブロウペンシルA BR-4
「描き足したい時、この細さと描き心地のよさを頼りにしてます。これがあれば美眉に！」¥550（編集部調べ）／カネボウ化粧品

Mascara

B. WHOMEE
ロング&カールマスカラ choco brown
「ブラウンだと甘い印象になるけど、こげ茶っぽいから締めすぎないのに抜け感があるバランスが絶妙♡」¥1500／Clue

C. heroine make
ロング&カールマスカラ スーパーWP 01
「いろいろ使うけど、これは絶対常備しておきたくて何度もリピ。セパレートになるし、ブラシも優秀」¥1000／KISSME（伊勢半）

最近はコレひとすじ！

アイライナー eyeliner

A. Love Liner
リキッドアイライナーR3 ブラウン
「まつげの間を埋める時にベスト。細い筆先だから細かい線や点を描きやすく、これ以外使えないくらいスキ！」¥1600／msh

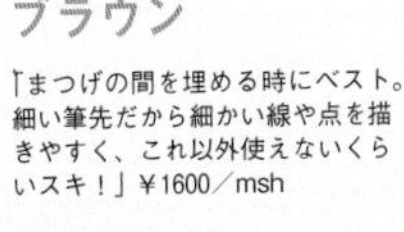

今日のりんくま セルフメイク

“いろんなコスメ使いたいし、
いろんなメイクがしてみたい。
なので今回お見せするのは
〝ある日の久間田琳加〟の
セルフメイク♡　ちょっと
夏気分のある日、かな？”

※すべて本人私物です。

本日スタメン入りしたコスメはこちら!

A
ランコム UV エクスペール トーン アップ n
「トーンアップしたかったのでコレにします。頼れる〜！」

B
HAKU 薬用 美白美容液ファンデ オークル10
「肌の赤みが気になる部分にだけポイント使いする予定」

C
イニスフリー ノーセバム ミネラル パウダー
「ツヤを残したい部分以外に使って、サラサラ肌にするよ」

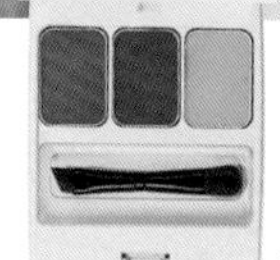
D
WHOMEE アイブロウパウダー + red brown
「レッドブラウンに染めた髪色とぴったりな眉パレット♡」

E
SUQQU ピュア カラー ブラッシュ 118
「右上の〝ツヤ〟と左下の〝色〟を混ぜて使うと最強かわいい」

F
コスメデコルテ ディップイン グロウ
「上品な白系パールのハイライト。自然なツヤが作れるよ」

G
コスメデコルテ アイグロウ ジェム BE387
「個人的に夏にぴったりな濡れツヤ質感だと思う！」

H
資生堂 アイラッシュ カーラー213
「私の目のカーブにフィットするのでずっと愛用してるよ」

I
エレガンス カールラッシュ フィクサー
「マスカラ下地。キレイにセパレートした繊細まつげに」

J
WHOMEE ロング&カールマスカラ choco brown
「目元に抜け感が出るダークブラウンは夏っぽメイクに◎」

K
Modus Tokyo J-curl ホットビューラー
「USB充電タイプ。小さくて持ち歩きにも便利なんだよ」

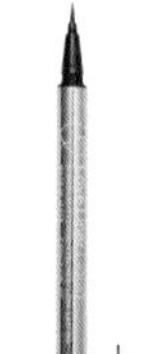
L
ラブ・ライナー リキッドアイライナー R3 ブラウン
「リキッドタイプのアイライナー。ブラウンでさりげなく」

M
トム フォード ビューティ リップ カラー 80J
「少し硬めな質感で塗りやすい。大人っぽい赤リップ♡」

N
ディオール アディクト リップ グロウ オイル 012
「くすんだローズカラーで大人っぽさを出してくれるんだ」

O
トム フォード ビューティ ソレイユ ブラン シマリング ボディ オイル
「仕上げに使う、夏っぽいキラキラのボディオイル」

セルフメイク
実況中継
START!

まずは下地!!

「まずは下地**A**から始めるよ！
使う量は、パール1粒大くらい」

全体に一

「指を細かく動かして、小鼻の横や目のまわり、顔のサイドまで塗り残さないように。ここは丁寧にね！」

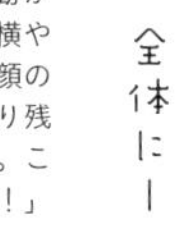

細かいところも

本日のファンデーションはコチラ

ZOOM

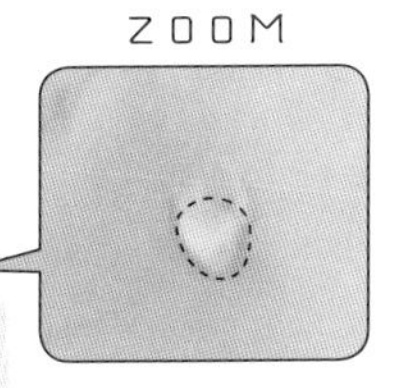

「**B**を使うよ。使うのはちょっと！カバーしたい部分だけに。コンシーラーよりナチュラルに仕上がるの」

少しだけだよ

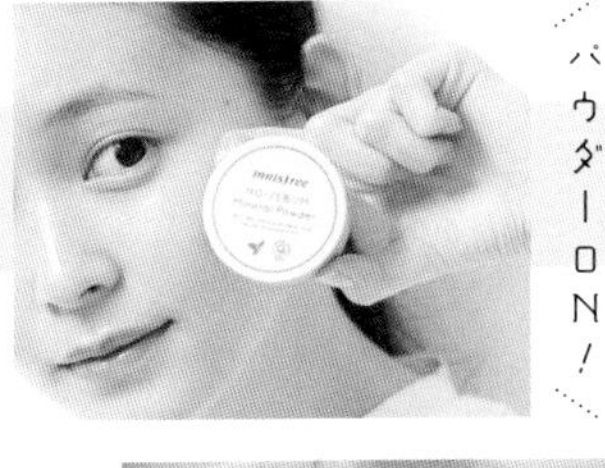

小鼻と目の下と口のまわりに

「赤みが出やすい小鼻横、くすみやすい目の下、口のまわりに。私は眉の上に影ができやすいのでそこにもON」

「ファンデーション塗った上からスポンジでトントン！　なじませてより素肌感アップねらいます♡」

トントン

パウダーON！

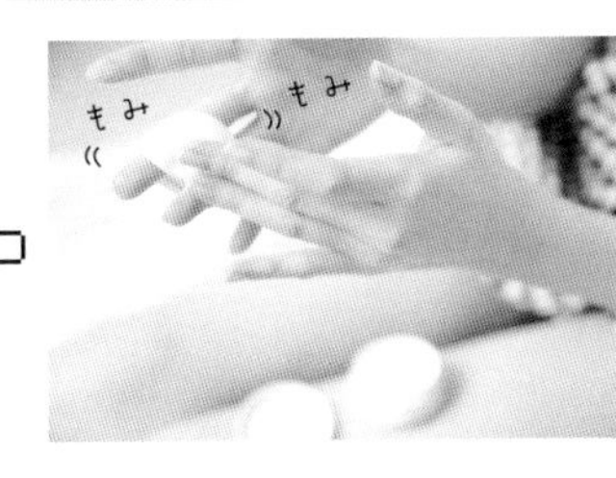

「**C**のパフをもんでパウダーを均一にしたら、おでこ、鼻、あごに。ツヤを残したいほおは塗らないよ！」

ベースメイク完～！

お次は眉

「続いては**D**を投入！　髪色と眉色が合っていると自然だから、自分に合うのを使ってね」

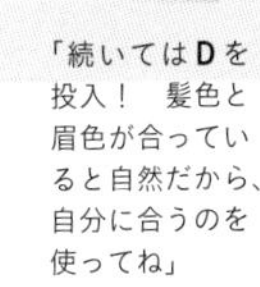

太↓細ブラシで

「左と中央をちょんちょん！と混ぜて太いブラシで全体の形を描くよ」

バランスcheck

「眉尻など細かい部分は細いほうのブラシで整え。最後、鏡で顔全体とのバランスもチェック」

「サッと塗って指でなじませるのを繰り返し。つきすぎる失敗が防げるよ」

「本日のアイシャドウ候補は2つ……。悩むので後回し(笑)。**E**のチークからにします」

どっちにしようかなー？？

「本日ハイライトを入れたのはこの場所！　立体感、透明感、ツヤ感が段違いなんだ～」

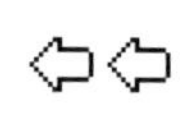

「**F**を指に少量とったら置きたい場所にのせて、そのあと指で細かくトントンとなじませて」

真ん中は真上に

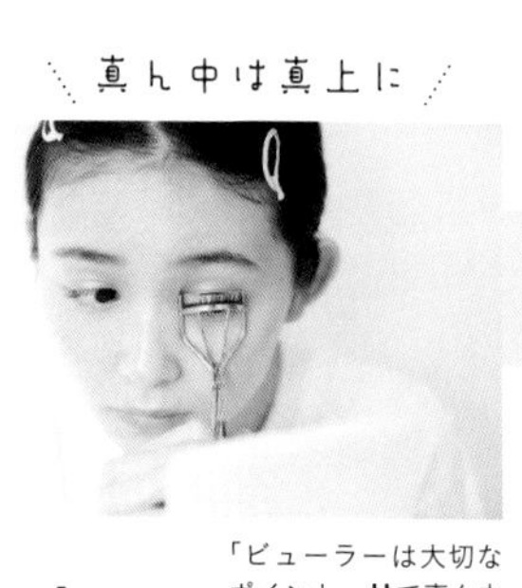

「ビューラーは大切なポイント。**H**で真ん中、左端、右端と3か所に分けてやるよ」

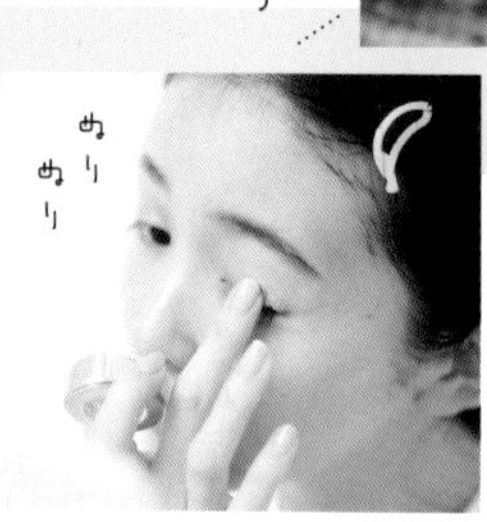

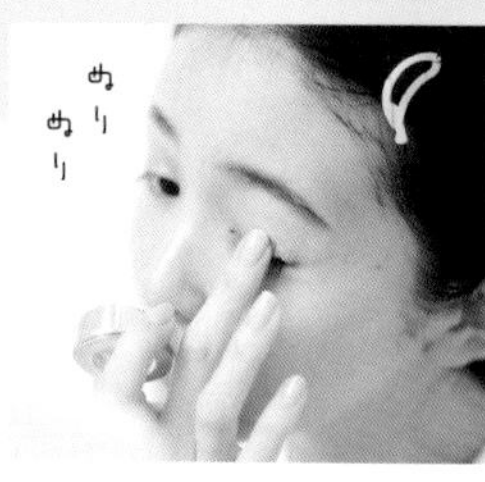

「この間に使うアイシャドウ決まった！**G**の暖色シャドウを二重幅より少しだけ広めに塗ります」

「マスカラ下地**I**はダマにならないように、サッサッと手際よく全体に。下まつげも忘れずにね！」

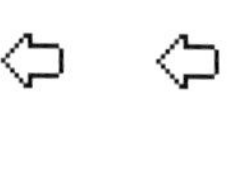

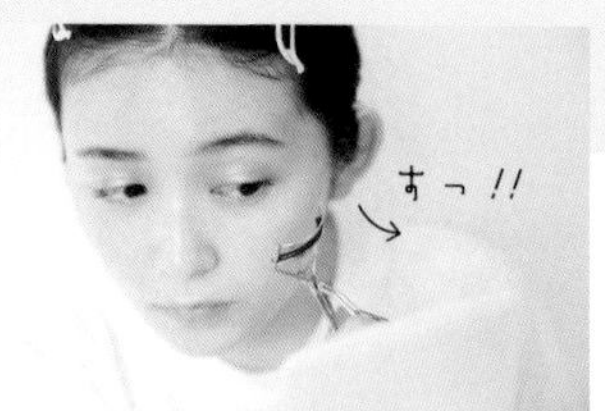

サイドは広げて

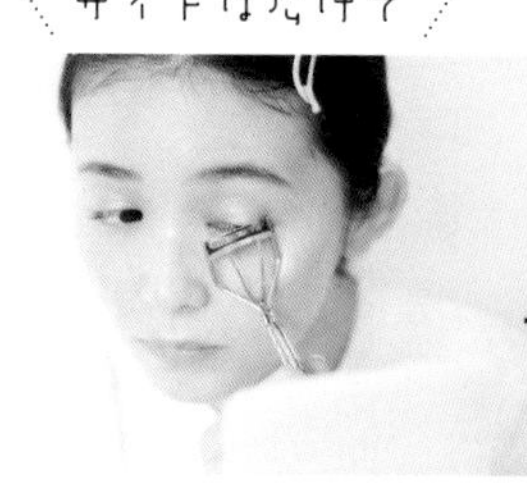

「真ん中は上に、両端はサイドに流すイメージで。10回くらい細かく押さえて自然にUP」

マスカラはブラウンにしまーす♥
丁寧に
「丁寧に塗ってもできちゃうダマはKのホットビューラーの力を借りてOFF☺」
マスカラあり
なし
「ちなみに、ありとなしではこんな感じの違い。ナチュラルに仕上げてるよ！」
ギザギザ塗り
「Jはギザギザ動かして。1本ずつ塗るくらいの感覚で、セパレートするように！」
下も丁寧に
アイラインは一瞬だけ！
「Lでまつげのつけ根を気持ちなでるくらい。目の幅よりはみ出さないよ」
お気に入り♥
「リップ大好きだから悩んじゃうけど、今日は大人っぽな気分でこのMに！」
ちょい塗り
「色をちょんとのせてなじませるのを、好みの濃さになるまで繰り返し。上に重ねるからここは雑でもOK！」
ちょい塗り
重ねまーす！
「リップの仕上げにNを重ねるよ～！最近のお気に入りなんだ」
はしまで
「少しオーバーに、こっちは丁寧に塗ってツヤツヤにしてみた♡」
Fin♡
できた！
「完成かと思ったけど、もう少しツヤをおさえたほうがバランスがよさそうだから、再度パウダーCを」
仕上げ～
《ぬり　ぬり》
「キラキラ夏モードになるOのボディオイルを腕に。今日はこんな感じで、完成！」
Nulle rose sans épine.

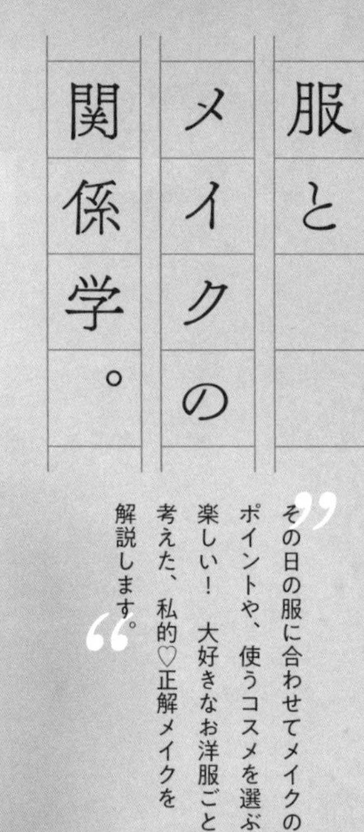

服とメイクの関係学。

”その日の服に合わせてメイクのポイントや、使うコスメを選ぶのが楽しい！　大好きなお洋服ごとに考えた、私的♡正解メイクを解説します。“

ロゴT×イエローリップ

夏に出番の増えるTシャツには〝ジューシー〟な質感を合わせたい。最近ハマっているのはイエローリップ。果実みたいな色×じゅるっと感をラフに塗れば、それだけでポイントになるでしょ？♡

するするとのびがよくて、ぴたりと密着する感じが好き。適度なツヤとマット感でワンランク上のリップメイクに！　ディグニファイド リップス 29 ¥3200／セルヴォーク

Logo T-shirt：NORMA JEANS BLU
Skirt：The Girls Society
Necklace, Earrings：claire's
Sandals：RANDA

麦わら ×白ピンクリップ

南の島でのびのび暮らしていそうな、少女っぽさがあふれる麦わら帽子ルックには、ピュア感漂うミルキーリップが鉄板！　あえて薄く唇の輪郭に沿って塗るくらいがイイの。ナチュラルだけど目を引く感じが最高。

ソフトマットな質感がおしゃれ。ソフト マット リップクリーム SMLC50￥1200／ニックス プロフェッショナル メイクアップ

Hat：CA4LA
Rompers：épine
Socks：靴下屋

(右から) 4色それぞれ質感が違うよ。ディメンショナルビジョンアイパレット 04￥6500／THREE　きらりと繊細な輝きで、こなれ感もカワイげも。ザ アイシャドウ 52 Midnight Drive(P)￥2000／アディクション ビューティ

シンプルパーカ ×キラキラシャドウ&オレンジマスカラ

Parka：CLEAR IMPRESSION
Barrettes：claire's
Ear cuff：Jouete

パーカはシンプルが好き。まぶた広めのキラッとシャドウと、アクセントになるオレンジまつげでシンプルをしゃれさせたい。

(右から)遊びのあるアイメイクが簡単にできちゃう。Wカラーマスカラ 02￥4000／RMK Division　ギラッと感が目元印象を高める！アイコニックルック アイシャドウ G304￥2200／ジルスチュアート　ビューティ

ジャケット×カーキシャドウ

ジャケットとカーキシャドウを組み合わせた大人っぽday！『THREE』の右上をベースに、『アディクション』を二重幅にのせ2種のカーキをミックス。

Jacket：Ballsey
Tops,Pants：Rosarymoon
Sandals：RANDA

Knit：merry jenny

(右から)くすまずキレイな色が長続き。しっとりしてて、フィット感もいい感じ。1色でも2色使いでもgood。ヴィセ アヴァン シングルアイカラー 013・同 003各￥800(編集部調べ)／コーセー

ざっくり編みニット×ホワイトアイシャドウ

ボリュームニットの時は、目元をキラめかせたくなる。2種類のキラキラシャドウを目まわりにたっぷりのせて、質感を楽しむよ。

Tops：PAMEO POSE
Chouchou：hand made
Earrings：claire's

ベロアシュシュ×跳ね上げライン

キュッと目尻を跳ね上げた太めラインで、海外ガールちっくをねらって♡ 大きなシュシュのポニテとグッドバランスだと思うんだ。

鮮やかに発色。ぼかせばシャドウにもなるよ。YSL アイライナー No.1￥3300／イヴ・サンローラン・ボーテ

One piece：Little Trip to Heaven.Shimokitazawa
Earrings：Liquem

オーガンジーワンピ×ピンクアイシャドウ

ガーリーなワンピ×ピンクでもやりすぎ感が出ないように、マットな質感を選んで引き算を。広範囲にのせるのもカ・ギ♡

(右から)マットなピンクと、偏光パールをミックスしたマットピンクのアイシャドウ。奥行きのある目元に。アイオープナー 013(M)・同 005(M)各￥1200／マリークワント コスメチックス

Salopette：RESEXXY
Earrings：Little Trip to Heaven.Shimokitazawa

白サロペット×オレンジチーク

ヘルシーな肌見せスタイルにはメイクも同じテンションで。オレンジチークをふわっと肌に広めにのせて、健康的さを後押し！

肌に溶け込んでやわらかく発色してくれる。ブラッシュ クチュール No3￥6000／イヴ・サンローラン・ボーテ

ブラウンカチューシャ × チョコ色リップ

Blouse：H&M CONSCIOUS EXCLUSIVE
Headband：NADIA FLORES EN EL CORAZON

最近自分的にもブームのカチューシャには、同系色リップを。きちんと塗りしてクラシックな雰囲気に仕上げるのが気分♡

ふっくらリップに。ルージュ エッセンシャル シルキー クリーム リップスティック 05￥3600／ローラ メルシエ ジャパン

透けシャツ × 青ライン

Tops：HONEY MI HONEY
Rompers：Rosarymoon
Earrings：Liquem

シアーシャツの透明感が増す、涙メイクにしてみた。ブルーシャドウを下まぶたぎりぎりにラインのようにのせるだけ。簡単だよ！

見たままに色づく高発色！ エレガンス クルーズ アイカラー プレイフル NV03￥1800／エレガンス コスメティックス

えり抜きシャツ × セミマット肌

韓国の女の子っぽいえり抜きシャツはベースメイクも韓国っぽく。ほのかなツヤ&美肌見えするセミマット肌がハマるかな？

ジェル状なのにさらっと仕上がる！ アンジェリックシンバイオシスファンデーション 01 SPF11・PA+ 30g￥5400／THREE

Shirt：flower
Tank top：Hanes
Skirt：MURUA

ピスタチオカラートップス × ピンクネイル

Shirt：k3&co.
Sunglasses：CASSELINI

反対色だけどくすんだトーンが似てるから、しっくりハマった♡ ピンク系ネイルをランダムに塗ってアクセントにしたよ☺

（右から）1度塗りでも仕上がりがキレイで発色も良し！ プレイネイル #12・同 #43・同 #42・同 #44各￥330／エチュード

オレンジワンピ×テラコッタリップ

黄みと赤みがリンクしたワンピ×リップ。さらにチョーカーもゴールドで、全身を統一感のあるカラーリングにしたよ。しっかり発色のリップは輪郭に沿ってきっちり塗って、存在感を出してみた。

発色とツヤの絶妙バランスが最高。ザ リップスティック ボールド 012 Wake Me Up¥3200／アディクション ビューティ

One piece：723-seven two three-
Choker：CO*STARRING
Earrings：ete
Shoes：flower

ファービスチェ×カシスベリーリップ

大胆なアイテムには、大胆カラーでメイクをするの。ちょっと強気な女の子をイメージして、ディープカラーのリップをきちんと塗り。遊びに出かけたらワクワクするドラマが始まりそうじゃない!?

ひと塗りで華やかリップメイクに！ リッチに、キレイにうるおうよ♡ スイブラック ルージュ S 405¥3000／アナ スイ コスメティックス

Bustier：DICH HENDERSON
Pants：SmallChange Koenji
Barrettes：PLUIE
Earrings：ete
Pumps：R&E

赤リップ×ブラックドレス

たまにはよそ行きルックも♡　特別なシーンで着るブラックドレスには、赤リップがお約束。マットなリップをきっちり塗ると、普段よりドレスアップできて、素敵な場所が似合う気がするの！

さらっとするマットリップ。マットなのに乾燥しにくくて使いやすい。パウダールージュティント RD304 ¥1350／エチュード

One piece：GHOSPELL
Earrings：SmallChange Koenji
Sandals：jouetie

“いつもお世話になっている大好きな3人のヘア&メイクさんに「この色でメイクしてください♡」とリクエスト。その中で、私に似合うメイクを提案してもらいました！そしたら――今まで自分でも見たことのない〝久間田琳加〟に出会えちゃいました♡”

色とメイク

中山友恵さん×生ピンクメイク

その人自身の〝カワイイ〟を最大限に引き出すメイクの達人♡

for eye

「Aは上まぶた全体&下まつげのキワに。Bは上まぶたはAと同範囲、下まぶたは涙袋までブラシでのせてピンクをにじませて。（中山さん、以下同）」

Aクリアピンクで目元にうるみを感じさせて。ザ アイシャドウ99 Miss You More（P）¥2000／アディクション ビューティ　Bしっかりピンクがアクセントに。マジョリカ マジョルカ シャドーカスタマイズ PK421 ¥500／資生堂

琳加　私、中山さんが作る女性らしいのにカワイイっていうメイクが大大大好きなんです♡
中山　わ、嬉しい〜!!
琳加　私もそんな風にメイクで変身したいと思っていたので、この生ピンクメイクはまさに理想的！
中山　琳加ちゃんはメイクのベースになる肌が薄くてクリアでどんなメイクも似合うと思うけど、今回のシアートーンのピンクメイク、素肌感もあって本当に似合ってたね。
琳加　ありがとうございます！今まで、ピンクって派手!?って遠慮してたけど、こんな透明感のあるピンクメイクは毎日でもマネしたいと思いました。
中山　ぜひトライしてほしい！

for cheek

「2色を混ぜて鼻横から放射状に。ふんわり色づけることで、どこか1か所が目立つのではない統一感が出せます。」

左右をミックスしても、それぞれ単色で使っても◎。プリズム・ブラッシュ 04 ¥6300／パルファム ジバンシイ

for lip

「リップブラシでひとはけのせるのみ。うっすら感じる〝ピンクニュアンス〟が透明感あるピンクメイクを底上げ。」

リッチなツヤとうるおいで軽やかに発色。リップスティック コンフォート エアリーシャイン 04 ¥3500／RMK Division

キャッチーでおしゃれで大人っぽい。トレンドメイクが得意！

林由香里さん × オーロラメイク

琳加　林さんのメイクはいつもどこかに大人っぽさがあって大好きです。このメイクも、インパクトのある質感のアイテムを使っているのに大人っぽいですよね！
林　そう、カワイらしいアイテムだけど仕上がりは大人めにしたいな〜って思って。
琳加　こういうメイクしてみたかったんです！
林　琳加ちゃんはいろいろなテーマでメイクしてきたけど、19歳になった今、カワイらしさも、女性らしさも、大人っぽさもあって、少し難しそうなこういうメイクもさらに似合うようになってる！
琳加　嬉しい〜(涙)。自分でも写真を見て〝大人っぽい！〟って思えてあがりました♡
林　個性あるアイテムでのメイクもおしゃれに見えて私も楽しい！
琳加　また新しいメイク提案、待ってます♡

for check

「オレンジ部分をミックスしてとり、鼻横を始点に広範囲に。放射状になるように、上はこめかみ付近まで、下は口角の上あたりまでのせて。(林さん、以下同)」

ヘルシーな血色が宿るクリアオレンジ。キャンメイク グロウフルールチークス 03￥800／井田ラボラトリーズ

for lip

「唇の輪郭より内側にBをじか塗り。その上からAをたっぷりと重ねて、ぽってり感を演出。色とツヤのバランスが絶妙に。」

A濃密にツヤめいてぷるぷるリップが長続き。ジェリーリップグロス 08￥2200／ジルスチュアート ビューティ　Bセミマットテクスチャーが大人の雰囲気。ぴたりと唇に密着し、きちんと発色。ルージュ・ジバンシイ 100￥4600／パルファム ジバンシイ

for eye

「Aを二重幅、その上にB、AとBの境目をぼかすようにCをトントンと。Cは下まぶたの目頭側にもトッピング。」

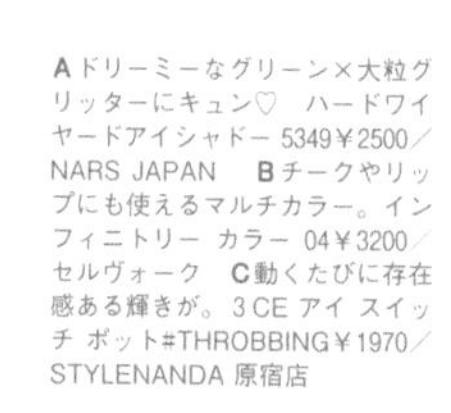

Aドリーミーなグリーン×大粒グリッターにキュン♡　ハードワイヤードアイシャドー 5349￥2500／NARS JAPAN　Bチークやリップにも使えるマルチカラー。インフィニトリー カラー 04￥3200／セルヴォーク　C動くたびに存在感ある輝きが。3CE アイ スイッチ ポット#THROBBING￥1970／STYLENANDA 原宿店

for lip

「唇全体にAをぐりぐりっと塗り、Bで輪郭を。細いラインのように縁取るので、リップブラシを使うのがおすすめです！」

A明るいピンクでナチュラルに。エレガンス クルーズ ライブリー ルージュ PK03￥2500／エレガンス コスメティックス　B発色と適度なツヤ質感のバランスが絶妙！　ディグニファイド リップス 32￥3200／セルヴォーク

for eye

「Bを上まぶた広めにのせたら、Aの下から2段目左端を上下まぶたのキワにミシン目のようにオン。Cは上下まつげにたっぷりと。（北原さん、以下同）」

A下から2段目の左から2番目を使用。マット、サテンなど様々な質感がひとつのパレットにIN。UT シャドウパレット USP04￥2900／ニックス プロフェッショナル メイクアップ　B美しく鮮やかに発色。シングルアイシャドー 5367￥2500／NARS JAPAN　Cほかにはない高発色‼　クーピー柄カラーマスカラ マリンブルー￥1500／クレアモード

北原果さん×Bloomingメイク
色使いの天才。唯一無二の仕上がりが撮影現場を盛り上げる！
for cheek
「ほお全体にふわっとチークを。大きめのブラシで薄くのせる程度でOK。主張の強い各パーツを中和します。」
RMK
肌に溶け込みピュア顔に。上品に仕上がる。インジーニアス パウダーチークス N 14￥3000／RMK Division

Rinka's Body

“トレーニングをスタートしたのは
約2年半前。始めたら
体がどんどん変わっていくのが
楽しくて！　それからの
日課になりました。理想はほどよい
柔らかさの残ったメリハリ感♡
継続することの大切さを実感してます。”

When I work out,
I know about myself.

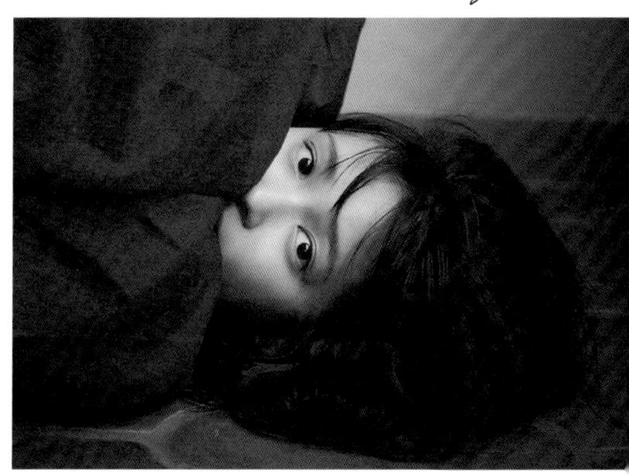

What is your ideal self?
I make an effort to be who I want to be.

How to ボディメイク

家で普段やっているエクササイズを見せちゃいます！
コツはゆっくりストレッチしてコリを溜めないことと、
筋トレは回数を決めずに〝キツい〟と思ってから、さらに10回やること。
キツくなってからが、引き締めのチャンス！

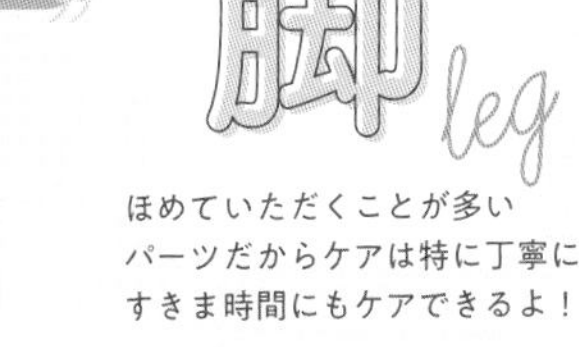

ほめていただくことが多い
パーツだからケアは特に丁寧に。
すきま時間にもケアできるよ！

寝る前に脚をほぐして むくみを残さない

手の指の関節で
足の甲をぐりぐり

くるぶし付近
をほぐす

ふくらはぎを
下から上に流す

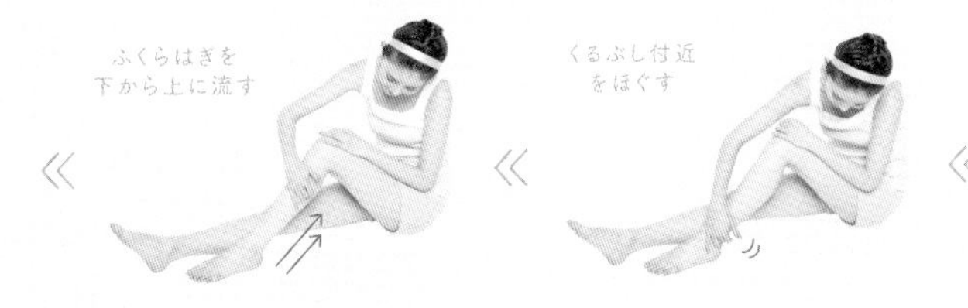

ひざの内側を
押す

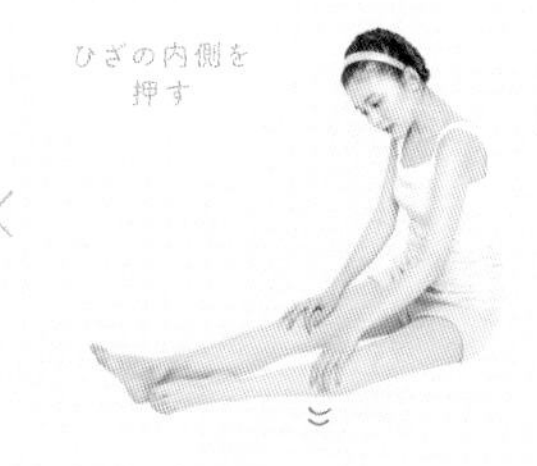

ひざの上も
もんで流す

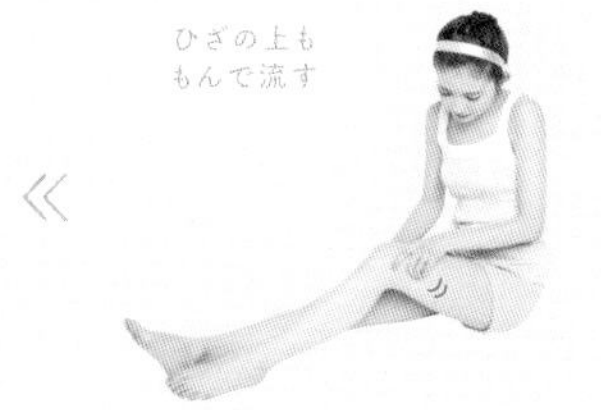

関節で外ももを
下→上に流す

手のひらのつけ
根で上→下に

内ももも同様
に上→下へ

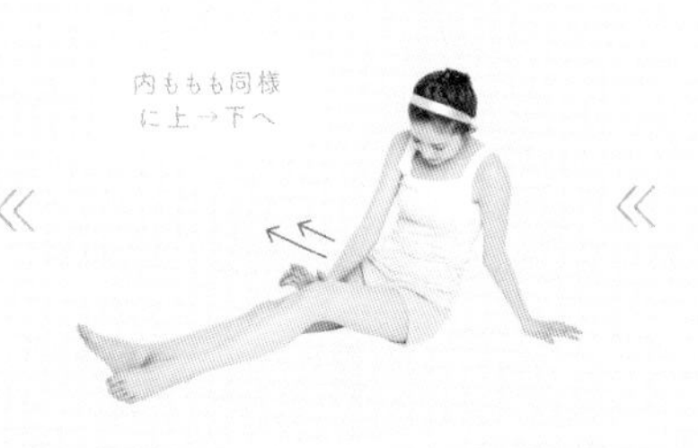

両足首を
ぐっとのばす

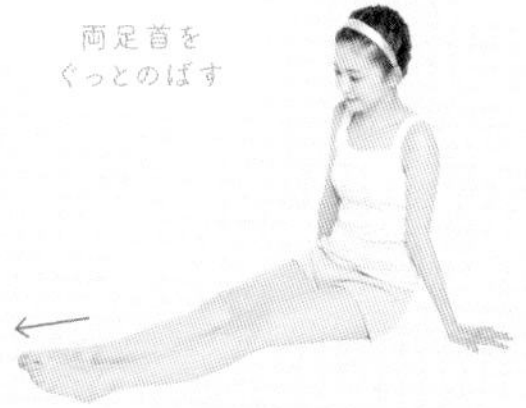

足首を立てて
後ろ側をのばす

「夜寝る前にボディクリームをつけてやるマッサージ。基本的にこの流れを1回だけど、むくんでいる日はすっきりするまで何回か繰り返し」

ストレッチポールで 効率的にもみほぐし

ふくらはぎを
ポールで刺激

「ふくらはぎの下でポールをゴロゴロ動かして固まった筋肉をほぐす」

股関節の柔軟性を 高めるストレッチを

あぐら状態で
前屈する

「股関節が硬いと太ももによけいな筋肉がつきやすくなるので注意！」

すきま時間も気がついた 時にほぐしておく！

ひざまわりを
もみほぐす

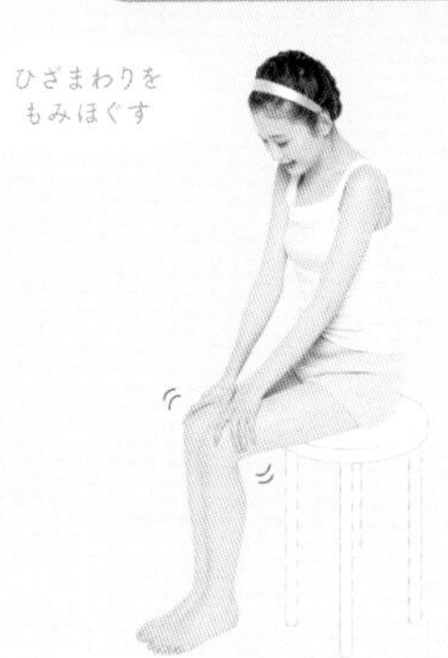

まっすぐ足の
上側をのばす

足首を立てて
後ろ側をのばす

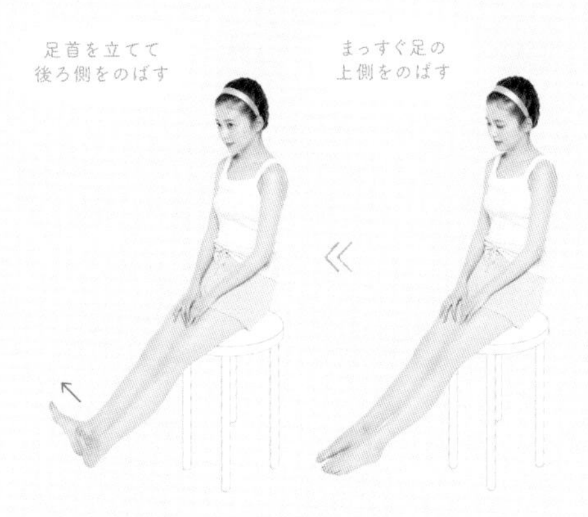

ふくらはぎ
マッサージ

「待ち時間とかに気づくと自然にやっているマッサージ。ちょっとしたすきまの時間にやるだけでも、積み重ねになると思うから」

おなか waist

うっすらと縦線が入ったくびれが理想。ストレッチ&筋トレの両方からアプローチ！

腹筋の上〜下まで全体を使って動く

ひざを90度上げる

左ひざと右ひじを合わせる

最初の基本姿勢に戻る

逆側のひじとひざを合わせる

「フォームを意識してひとつひとつの動きを正確に。腹筋が痛くなってから+10回が目安。呼吸が止まっていないか注意して」

体側をのばしてわき腹をすっきりと

開脚した側に体をのばす

「腰まわり全体をのばせるストレッチ。前傾せず真横に倒すよ」

背中 back

肩こりもあるので、背中のワークは美容だけでなく健康の面でもとっても重要！

朝の肩まわしですっきり目覚める！

背すじをのばして手を前に

まっすぐに上げる

手をひねらず頭後ろまで

できる限り大きくまわす

背中を締めながら手を下に

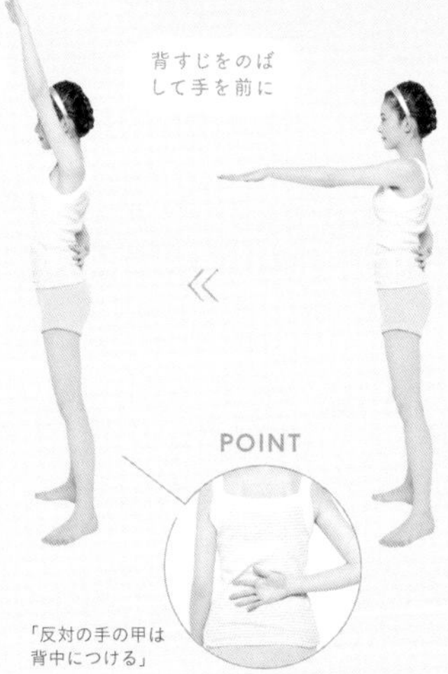

POINT

「反対の手の甲は背中につける」

「テンポよく、大きくまわすよ。片腕ずつ左右各20回くらい。朝やると血流がよくなるからか、顔のむくみがとれる気がしてる！」

腕を開いて肩甲骨を寄せる

「体の前で90度に曲げた腕を、水平に開いていき肩甲骨をギュッと寄せる」

背中を寄せて両手を組む

上げ下げを繰り返す

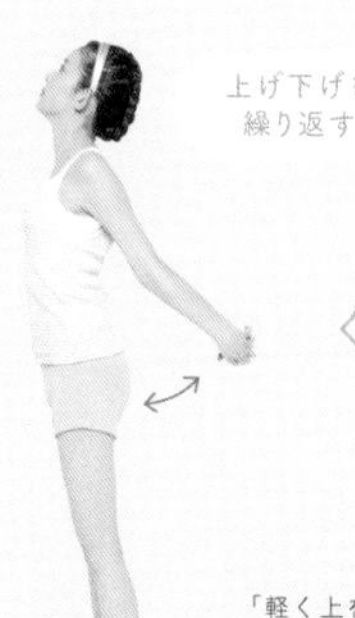

「軽く上を向きながらやると、背中だけでなくあごまわりもすっきりするよ」

肩甲骨を開くストレッチを寝る前に

ストレッチポールにのる

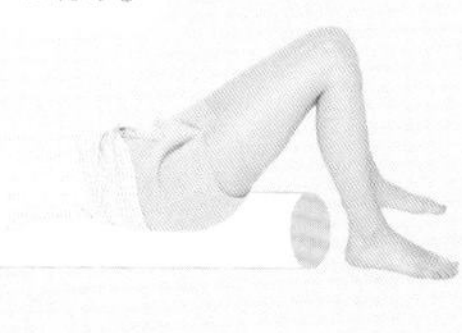

「肩を開いて肩甲骨の間にはさむイメージ。寝る前にやると快眠♡」

顔 face

特別な時間を作るのではなく、毎日のスキンケアに組み込んでしまうのがポイント！

“メイク前は『リファ』でですっきり”

フェイスラインをコロコロ

「あごから耳のつけ根まで。左右各10回コロコロしてむくみ解消」

“朝晩のスキンケア時に優しく流す”

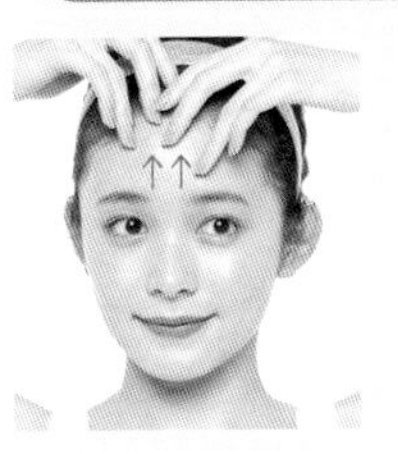

眉からおでこ上に流す

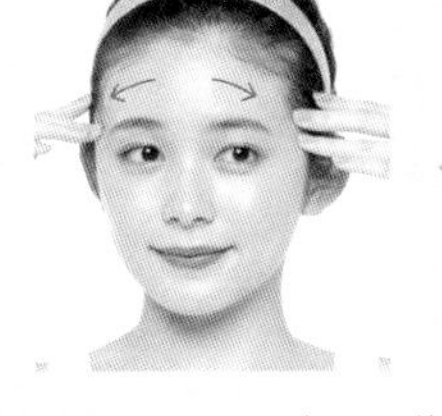

こめかみに向かって流す

小鼻の横→外側に優しく

輪郭は指１本で軽く流す

耳下から首の横を流す

鎖骨の上下も流して完了

「朝晩のスキンケアの最後に、乳液を塗りながら行うマッサージ。とにかく優しく流すのが基本！　顔の表面が動かない程度の力で十分！」

お尻 hip

お尻のトレーニングは夜に。後ろ姿が変わるし、洋服をキレイに着こなす大事なパーツ。

“夜のヒップアップワークアウト”

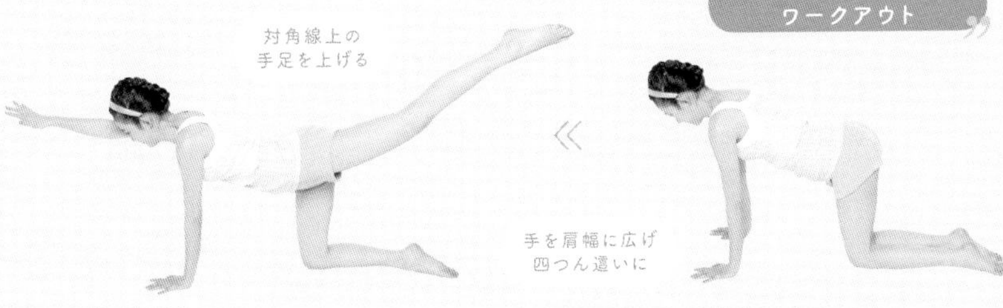

手を肩幅に広げ四つん這いに

対角線上の手足を上げる

「お尻の筋肉を意識しながら、丁寧なフォームで手足をアップ。一度四つん這いに戻ってから、反対の手足をアップ。これもキツイと感じてから、さらに10回やるよ」

“意外とこりやすいお尻の筋肉をほぐす”

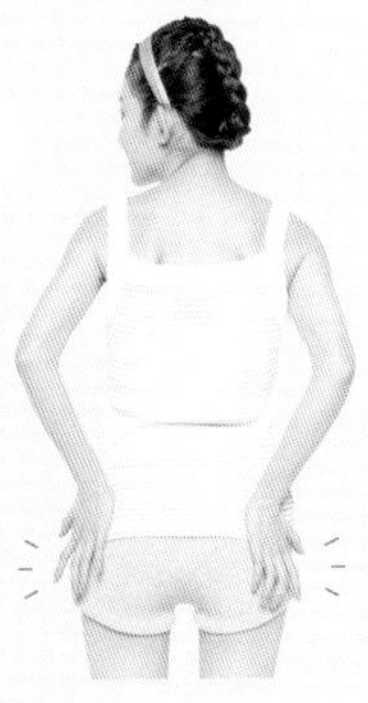

手のひらのつけ根でマッサージ

「お尻の両サイドの、その日に“こってるな”と思う部分を押してほぐす。実は結構こってるんだよ！」

腕 arm

実は疲れている腕。忘れがちな部分だけど、夜ボディクリームを塗る流れでほぐしてます。

“イタ気持ちいいくらいの強さでマッサージ”

筋肉に沿って前腕をもむ

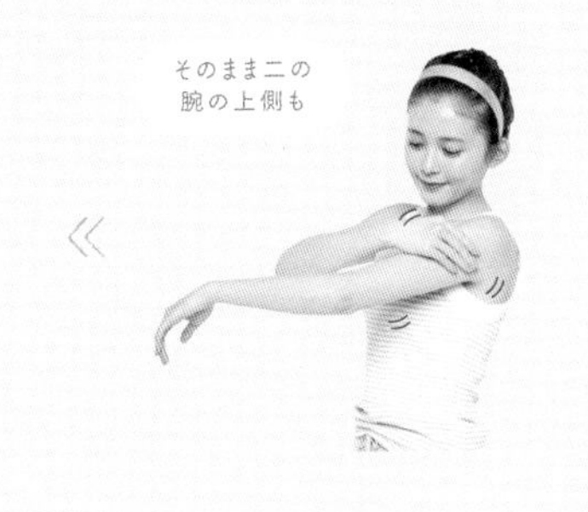

そのまま二の腕の上側も

手首からひじまで流す

二の腕の下部分をもむ

最後にワキのリンパに流す

「この流れで左右ともに。保湿もかねてやればいい香りで癒されて体もほぐれる。寝つきがよくなるのでお得♡」

うるおっていてクリアな感じの女の子って
かわいいなって思う。そのために頑張るケアタイムも、
明日のためって考えると楽しくなるし、毎日続けていたら、
今日より明日のほうがずっとうるおってるはず
って思えるから。だからやめられないんだ♡

たい

ってハナシ。

すっぴん。

SKIN

“いかに摩擦を起こさずに
うるおいをしっかり与えていくかが
重要なポイント。スキンケアって毎日
やることだから、肌の状態をよ～く
見極めて、使うアイテムを厳選。
大事に大事にケアするよ♡”

りんくま的 スキンケアルール

《 洗顔 》

泡立てネット

C

B

クレンジング

A

肌質的にクリームとの相性が最高〜！きちんとオフできる

泡立ちがいいし肌に優しいから洗顔中も心地イイ

買い替えやすいお手頃価格！ふわっと泡になる♡

洗顔

こだわり

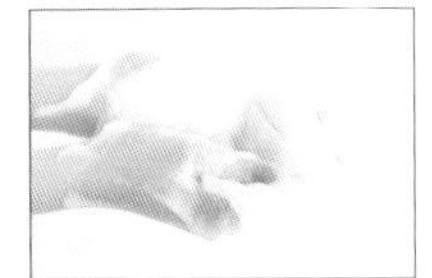

「泡は必ずもっこもこに♡」

「清潔な状態で洗顔します！」

「タオルの雑菌がつかないようにティッシュを使用。軽くおさえる」

「洗顔後は必ず輪郭などを確認」

「クレンジングと洗顔は春夏、秋冬で種類を変えてるよ！ 泡立てネットは清潔に保つため、月1で新しいものに取り替えてます」A洗い流したあともしっとり。エクサージュ ソフニング クレンジングクリーム 170g¥3000・B汚れや皮脂をしっかりオフし透明感のある肌に。同 クリアリィ ウォッシュ 120g¥2500／アルビオン C細かいメッシュできめ細かい泡が完成。洗顔用泡立てネット ¥110／無印良品 銀座

《 スキンケア 》

乳液

オイル

化粧水

C

うるおいもツヤもこのオイルがあれば叶う！

A

保湿力はもちろん香りもよくてケアが楽しいの♡

B

軽めの質感でベタつかないから使いやすさ抜群

「朝は化粧水＆乳液、夜はオイルをプラス。化粧水と乳液も春夏と秋冬で種類をチェンジ」Aキメを整えてくれる。エクサージュ モイストフル ローション II 200mℓ¥5000／アルビオン Bしっとりするけどベタつき知らず。ファミュ アイディアルオイル 30mℓ¥6000／アリエルトレーディング Cシミやそばかすを防ぎ、クリアな肌に！ エクサージュホワイト ホワイトライズ ミルクII 200g¥5000(医薬部外品)／アルビオン

こだわり

「パッティング後→ほおにON」

お気に入りのコットンはコレ！

ユニ・チャーム シルコットうるうるコットン／本人私物

「こうすると刺激が少ないからか、なぜか肌荒れしにくいの」

「顔全体にムラなくなじませ！」

《 スペシャルケア 》

ピンチの時用パック

B

撮影でメイクをたくさんした日のケアに！

再生クリーム

肌が敏感になってきたと思った時、頼りになる1本！

A

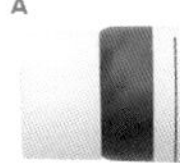

仕込み用パック

ニキビパッチ

C

ニキビができたら上からON。あとも残りづらいよ

こだわり

「今日は頑張った！とか、明日のためにケアしよっ♪とか、ニキビどうしよう!?って時に、韓国コスメを中心にスペシャルアイテムを導入」

マスクをはずしたあとの肌の弾力感がたまらない♡

D

「いろいろ試したけど、韓国コスメが肌と相性よくてお気に入り♡」A韓国で購入！ Dr.Jart＋ シカペアクリーム／本人私物 Bうるおい＆透明感が。ファミュ ドリームグロウマスク(REVITALIZE・RADIANCE)¥4200(6枚入り)／アリエルトレーディング C貼っても目立ちにくい。3M Nexcare ブレミッシュ クリアカバー ライト イージーピール／本人私物 D炭酸マスクが新鮮！ スパークリング パック(3回分)¥6600／SERENDI BEAUTY JAPAN

HAIR

りんくま的 ヘアケアルール

“昨年、一度も染めたことがなかった髪を初めてカラーリング。それまで以上にダメージを気にするようになって、ケアを強化してます。髪は清潔感を表現できる部分だから、いつでも美髪をキープしたい！”

1. アイテム数を厳選して、合うものだけを。
2. 夜はインバスのみ。清潔な状態で睡眠。
3. 美容室でのこまめなケアも忘れずに♡

《 インバス 》

トリートメント

B

洗いあがりのまとまる感じ、トリコなの〜！

シャンプー

カラー後の髪を乾燥防止しながら美しい状態に！

A

スペシャルトリートメント

特に乾燥がヒドイ時はこちらを投入！

C

「通ってる美容室の担当の人にすすめられたアイテムを愛用中」A乾燥ヘアもうるおいのある状態に。オージュア クエンチ シャンプー 250mℓ ¥2800・B水分保持力を高める。同 ヘアトリートメント 250g ¥3800・Cやわらかさ、まとまり感アップ。同 ヘアニュートリエント 150g ¥4300／ミルボン(美容室専売品)

こだわり

1. シャンプーは地肌を中心に洗う

「髪より地肌を洗う感覚で！」

3. シャワーは上向きで流す

「下向きよりむくみがとれる気が」

2. トリートメントはまず毛先にもみこむ

「乾燥が気になる毛先のほうにたっぷりつくように先にもみこむ！」

《 アウトバス 》

ドライヤー

パサパサせず、うるおったように乾くところがすごいの！

「ドライヤーで髪質って全然変わると思った！」しっとりとしたサロン帰りのような髪に。リファビューテック ドライヤー¥33000／MTG

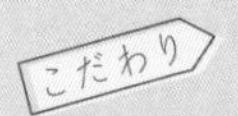

こだわり

→ 何もつけずにしっかり乾かす

「夜は素髪の状態で寝たいから何もつけずドライのみ。寝てる間に整髪料がついて肌荒れするのも防げるよ。きちんと乾かせばキレイにまとまる！」

《 スタイリング 》

ブラシ

B

髪のもつれを解いて、サラサラっととかせる☺

A

ヘアセラム

しっとりなのにサラサラ。数年間これひとすじ♡

➡質感サラサラに仕上げる

「うるおいはインバス中心に。スタイリングはさらっと仕上げで軽やかさ意識♡」

➡アイロンはちょっとだけ

「前髪を適当にはさみ、すっとすべらせてふわっとさせるだけ！」

「基本的に、髪はダウンスタイル多め。ちょっとしたニュアンスづけしやすいツールやアイテムが大活躍中！」**A**時間がたってもサラサラ！　ジョヴァンニ フリッズビーゴーン スムージング ヘアセラム 81mℓ¥2400／コスメキッチン　**B**ツヤのある髪に。コンボパドルブラシ¥3400／ジョンマスターオーガニック　**C**軽くて使いやすい♡　アイビル D2アイロン ゴールドバレル 32㎜・**D**約30秒で温まる！　サロニア ストレートヘアアイロン ブラック 24㎜／本人私物　**E**髪以外につければ保湿効果も。ジョヴァンニ シャイニーヘアワックス 45g¥1980／コスメキッチン

スタイリング剤

束感や毛先のまとまりを作りたい時に

E

ヘアアイロン

C

毛先や顔まわりのちょっとしたニュアンス作りに

D

前髪のふわっと感はストレートアイロンがベター

ストレートアイロン

《 お風呂ケア 》

「お気に入りを使って、入浴中も体を洗う時も気分あげながらね♡」A不要な角質をオフ。ジョヴァンニ シュガー ボディスクラブ 260g¥2600／コスメキッチン　B月のサイクルに着目した3種セット。ルナバスソルト150g×3種¥3700／SHIGETA Japan　C優しい香りがふわっと。ミス ディオール シャワー ジェル 200㎖¥6000／パルファン・クリスチャン・ディオール

シャワージェル

C

女子力あげたい時のお守り的なシャワージェル♡

バスソルト

B

疲れた日に気分で選び、10分程度の短め入浴でリセット

ボディスクラブ

A

肌当たり優しくザラつきオフしてくれるシュガースクラブ

➔いい香りでごきげんバスタイム

「お風呂時間も"香り"にはこだわりたーい！ スクラブはカカオの香り、バスソルトはカモミール・ラベンダー・ゼラニウムなどの香り、シャワージェルはローズ。使うたびにうっとり♡」

《 ハンドケア 》

ネイルオイル

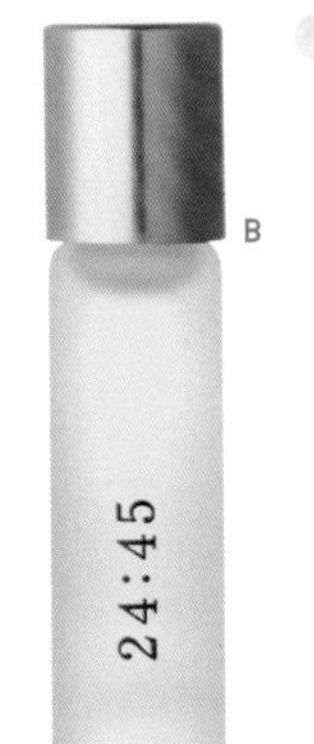

B

夜寝る前にベッドサイドでケアすることが多いよ

ハンドクリーム

軽やかで肌なじみよく保湿してくれる！

A

「手元はハンドクリームとネイルオイルの2種使いで徹底ケア」Aベタつかずうるおう。ローズ ハンドクリーム 40㎖¥2900／ジュリーク・ジャパン　Bほのかな香りも◎。uka nail oil 24:45¥3300／uka Tokyo head office

➔指先に塗り込む

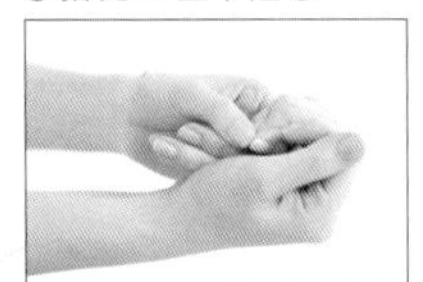

「ネイルオイルは塗るだけじゃなくよーくなじませて保湿力UP」

《 ボディケア 》

C

リッチな質感だから保湿を強化したい時に

ボディクリーム

リピ買い率No.1の私の中の定番ボディケアアイテム！

A

B

リラックスできる香りが寝る前にもぴったり♪

D

ボディクリームとミックスして使ったりしてる！

ボディオイル

E

夏のお出かけ前にアクセ感覚でキラッとさせてる☆

「色々ある中から選ぶのが楽しい♡」A甘い香りがふわり。ピオニー ボディミルク 195g¥3800(限定品・生産終了している場合もあります)／シロ　Bみずみずしいダマスクローズが香る。ワイルドローズ ボディミルク 200㎖¥2600／ヴェレダ・ジャパン　C保湿成分が豊富にIN。kai ボディローション ローズ 236㎖¥4800／レイジーワークス　Dしなやか肌に。ラベンダー オイル 100㎖¥2600／ヴェレダ・ジャパン　Eゴールドの輝きがひと塗りで。ソレイユ ブラン シマリング　ボディ オイル¥12000／トム フォード ビューティ

こだわり

➔気分があがる香りを選ぶ

「私が好きなピオニー、ローズ、ラベンダーなどの香りをボディクリームやミルク、オイルでラインナップ。他にも40本近くあるけど気分しだいで使うものを変えてるの♡」

《 フットケア 》

「使うと脚の状態が全然違う！」Aふくらはぎからポカポカに。リカバリーレッグフィット ピンク¥4980(Sleepdays)／TWO　B締めつけ感少なく長時間つけやすい。ドクター・ショール 寝ながらメディキュット／本人私物

ヒールをはいて脚がパンパンの日は欠かせない！

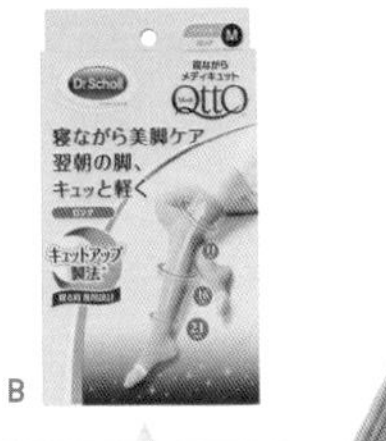

B

むくみ取り靴下

保温靴下

A

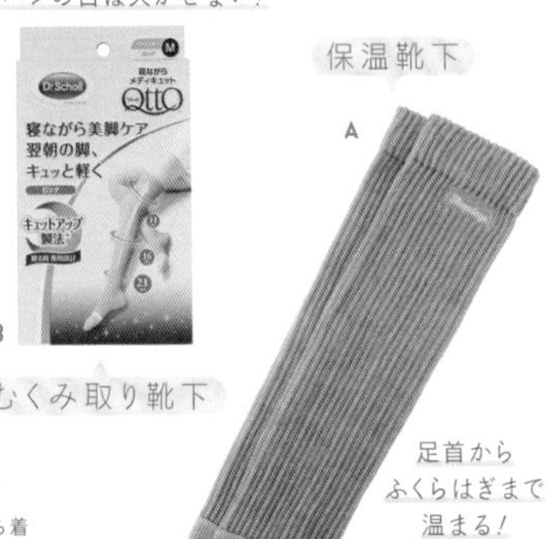

足首からふくらはぎまで温まる！

こだわり

➔"むくみ"と"冷え"で使い分け

「撮影や移動で脚がむくんだら着圧ソックス、おやすみの日など休息させたり冷え解消をしたいなら保温してくれる靴下をはき分け」

BODY PARTS

“急にミニスカートをはきたく
なったり、突然サンダルをはく撮影が
あったりしても自信をもてる
ように末端までケアしときたい！
好きな香りを選んでケアすると、
リラックスできるのも嬉しい。”

MORNING ROUTINE

モーニングルーティン

NIGHT ROUTINE

ナイトルーティン

"朝も夜も、少し余裕を持って過ごすのが好き。
夜は楽しい明日を迎えるために。朝はハッピーな
1日をスタートするために。家での時間をどんな風に
過ごしているのかを、ちょっと覗いてみてください♡
基本的には家での私は、の〜んびりです。"

Morning Routine

Night Routine

07:00 起床

朝はでかける2時間前くらいに起きるよ。目覚まし止めたら、思いっきり伸びして体から目を覚ます！

07:15 朝ごはん

すぐにカーテンを開けて朝日を浴びるのも大事！　1日のスイッチが入るよ。そのあとは一度歯みがきをしてから、冷えを解消するためにゆっくりと白湯を飲んで、じんわり体を温めます。

朝ごはんはおかゆ。自分の体に合ってるみたいで、ポカポカになるし腹もちもいいし。おかゆを食べるようになってから、調子がいいんだ♡

07:40 朝の準備

続いては朝の洗顔タイム。気分もさっぱりして気持ちいい～！　使ってるものやポイントは、P63で詳しく解説してるので見てね。

ウォームアップ的な意味も込めて(笑)、歯みがきは洗面所と廊下をうろうろしながらが定番。

Morning Routine

ブロー中

「髪の毛をブローしてベースを整えておくよ。でかける時間までまだ余裕があるので、この隙にお部屋のお掃除をしちゃいます！」

08:00 おでかけ準備

スキンケアタイムー♡

「さっぱり洗顔したら、スキンケア。このあとのメイクのノリも違ってくる朝の大切なポイントだよ。ここでパジャマからルームウエアにお着替えします♡」

着替えー

合間に…

「リファでコロコロして顔をすっきりさせたあとは大好きなメイクの時間。今日はどんなメイクにしようかな？　使うコスメを選ぶのも楽しいの♪」

じゃーん♡

「メイクができたらヘアセット。あんまり巻いたりせず、ニュアンスをつけるくらいかな。」

09:00 出発

行ってきまーす

「靴をはいて、玄関で全身のバランスを最終チェック！　こんな感じでおでかけ行ってきます☺」

よしっ♡

ヘアセット！

仕上げ♡

「お洋服に着替えてからメイクの仕上げをするよ。服に合わせてリップの色を決めて完成！」

19:30
帰宅

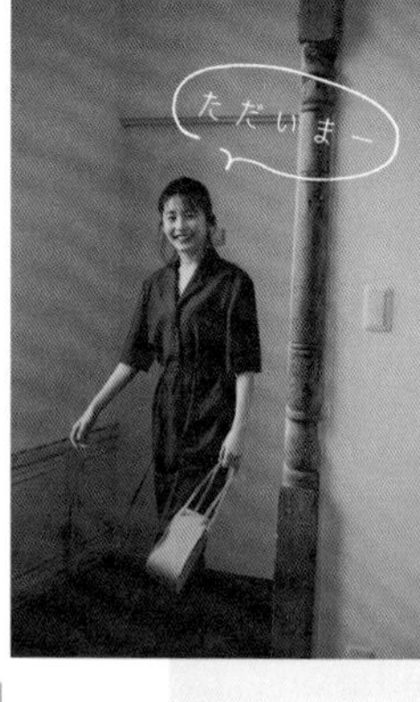

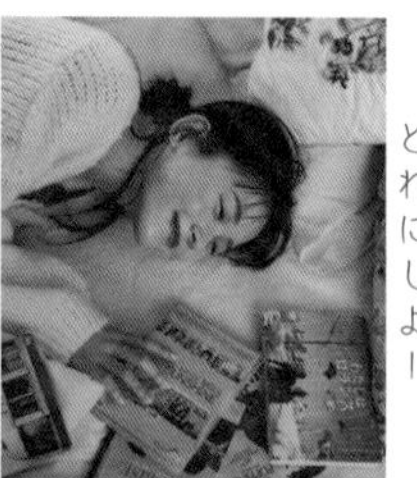

帰ってきたよ〜。まずはリラックスできるルームウエアに着替えて、おうちモードにスイッチ。

20:00
映画時間

大好きな映画をのんびり見ようかな♡　Netflixで海外ドラマ見るのも好きだよ。

22:00
お風呂＆ケア

丁寧にメイクオフしてからお風呂に入るよ。お風呂時間はわりとコンパクトなほうかも！

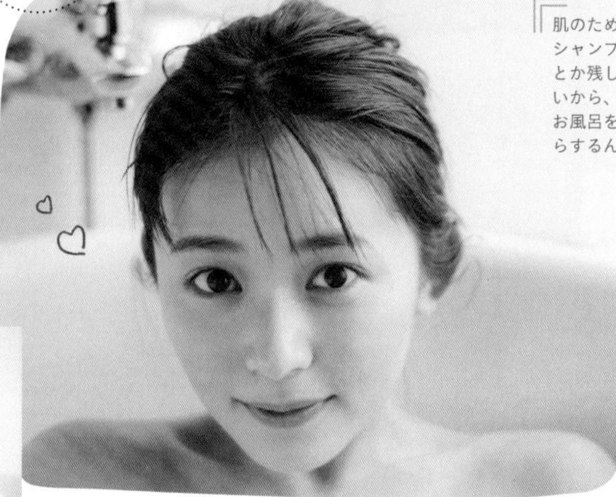

肌のために顔にシャンプーの泡とか残したくないから、洗顔はお風呂を出てからするんだ。

肌が乾燥しないようにすぐにスキンケア開始！　夜は朝よりもっと保湿をしっかりと。

髪だけじゃなくて頭皮までちゃんと乾かすのが大事！　明日のサラサラヘアのために頑張ります。

どのパックにしようかな〜って悩むのも幸せな時間。

Night Routine

23:15

寝る前に

その日の気分で約40本の中からボディクリームを選んで、脚のむくみを流すマッサージを。

マッサージも♡

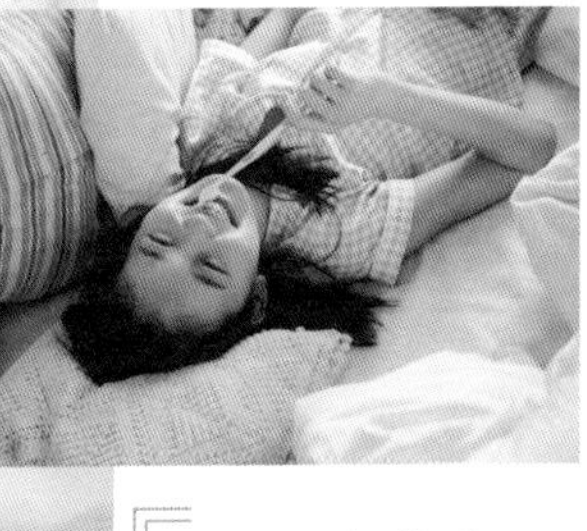

このへんから寝る前の準備時間かな？　まずは歯みがきをしま〜す！

キ、キツイ!!

筋トレやストレッチをだいたい30分くらい。いろんな種類をやるというより、1個1個の動きを丁寧にしっかり効くようにやってます。

ベッドに入る前に、むくみ防止の着圧ソックスを。寝てる間も有効に美容時間にできて最高。

24:00

就寝♡

アロマキャンドルを焚いて雑誌を読む至福の時間。寝る直前にいい香りのネイルオイルを指先に塗って、癒されながらおやすみなさ〜い♡

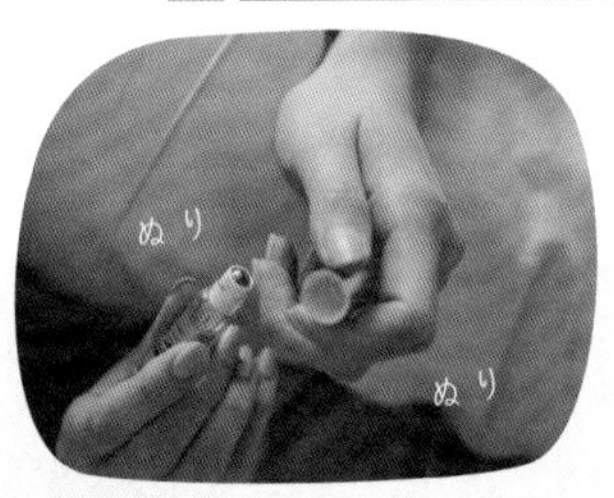

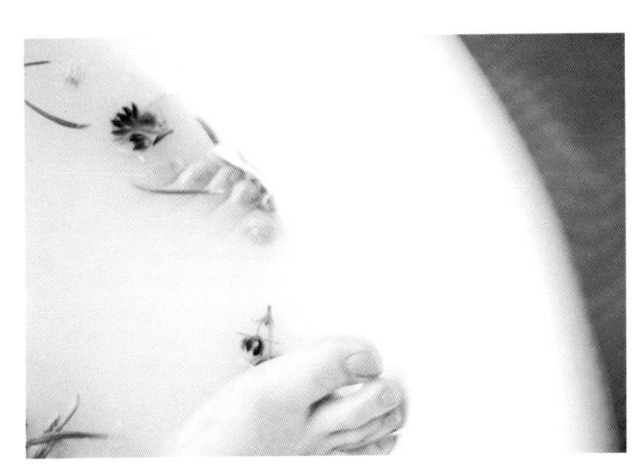

香りの物語り。

香りに包まれている瞬間が最高に幸せ。特にお気に入りの4つの
香りを私が纏う時。その気持ちを閉じ込めた、4編の物語り。

#1

kai

perfume oil rose

外に出ると明るい太陽の光が降り注ぎ、あぁもう冬が終わったのだな、と
思う。それと同時に、唐突に今日、何か、新しい何かと出会う。
そう予感した。走り出したくなる衝動が沸き上がった瞬間、
季節の余韻を感じる冷たい風とともに漂ってきた
バラの香りが、浮きたつ出会いの予感を、
そっと落ち着かせてくれた。

お花まるごとみたいなフレッシュなバラの香り。お花屋さんにいるような気分に。kaiのパフュームオイル ローズ／本人私物

#2

JO MALONE LONDON

PEONY & BLUSH SUEDE

幸せはみんなで分け合ったほうがもっと幸せだよ！　と真っ赤なりんごをかじりながら、
彼女は言った。甘いりんごの香りが、
足元でピンク色に咲き乱れるピオニーの花と混じり合い、
気分が一気に晴れていく。
彼女は風に乗ってどこかへ行ってしまいそうな、自由奔放な女の子。
自分の意志でどこまででも行ける、いつだって自由な女の子。

性別も年代も問わず誰からも好かれる香り。ジョー マローン ロンドンのピオニー＆ブラッシュ スエード コロン／本人私物

大人っぽくて、自分には早いかなと思いつつ、背伸びしたい日につけてます。サンタ・マリア・ノヴェッラのオーデコロン チンクアンタ／本人私物

あの人は、強い。まわりの言葉に真摯に耳を傾けながら、
自分の声を持ち。変化と変化の間をふわふわと
漂いながら、決して流されず。過酷な
環境下でも凜と咲く
1輪の花のように、
決してぶれない芯が

#5 サンタ・マリア・ノヴェッラ Cinquanta

心の中心に
通っている。
だからこそ、憧れて
しまうのかもしれない。
そんなあの人は、誰よりも柔らかい。

Miss Dior
BLOOMING BOUQUET

恋に落ちるってどういう気持ちなんだろう
っていつも想像していたけれど、
まるで最初から決められていたかのように、
初めての恋はある日突然やってきた。
あたたかな春の日。秘密の庭で再会したとき
花の香りを胸いっぱいに吸い込み
ながら、誰が何を言おうと今の
気持ちを貫くって、この花に誓ったんだ。

初めて買った、思い入れのある香水。私がピオニーが好きなんだってこの香りで知りました。ミス ディオール ブルーミング ブーケ オードゥ トワレ／本人私物

Little kuma's album

ちびくま アルバム

リヨンの幼稚園で。４歳のお誕生日パーティーをしてもらった！

大好きなぬいぐるみの"ムク"と一緒にお昼寝をしてるよ。

➡６か月。ハイハイができた♡
⬇２歳のひな祭り。

⬆お誕生日プレゼントでもらったキッチンでおままごと。すっごくお気に入りだったの！

⬇イギリスに家族旅行したよ。

マリーちゃんのぬいぐるみと２ショットでごきげんな、４歳の頃。

幼稚園のお遊戯会で『長靴をはいた猫』をやったよ。

小５の時の、クラシックバレエの発表会。

フランスに住み始めてすぐの１歳頃。家族でプチ旅行したんだ〜。

スペインにて。現地でフラメンコの衣装を買って、フラメンコ見たよ。

⬆3歳。私じゃなくてお友達のお誕生日パーティーです(笑)。

➡兄と一緒にフランスパンを買った日の帰り道。

⬇リヨンで画家さんのアトリエにおじゃました、5歳の頃。

⬆4歳。ポルトガル旅行へ。かわいいヘアアレンジしてもらった♡

➡風船が欲しい、1歳の私。⬇これも1歳。バーバパパの綿あめ！

⬆ドイツとの国境に近いストラスブールの街へ。プレッツェル食べた。

6か月の頃。このライオンの着ぐるみは、母のお気に入りでした♡

幼稚園で仲良しのお友達と一緒に。

“モデルのお仕事は、生まれ変わってもまた絶対やりたい。
大好きな美容は、一生つきつめていきたい。
興味があることに対してなら、いくらでも頑張れちゃう。
単純で、わかりやすくて、ちょっぴり心配性。
そんな私の19年間のヒストリー。”

フランスで育った幼少期。旅行が大好きになった

いちばん古い記憶は、毎日通ってたフランスの幼稚園のこと。生まれたのは日本だけど、実は1歳から5歳半まで、お父さんの仕事の都合でフランスのリヨンっていう街に暮らしてたんだ。幼稚園ではフランス人の先生と1対1でお話する時間があって、その時は私もフランス語でしゃべってたみたい。今では"ボンジュール"しかわかんないけど(笑)。

幼稚園にはおもちゃのドレッサーが置いてあって、そこは私のお気に入りスペース。いつもドレッサーの前に座って、クシで髪をとかしてた。そのころから、すでに美容に興味があったのかな(笑)? 初めて髪の毛を巻いたのも、幼稚園の時。お母さんにカーラーでクルクルヘアにしてもらってお出かけするのが大好きだったんだ。

フランスで過ごした毎日、楽しかったなぁ。リヨンって、車でイタリアとかスイスとかいろんな国に行けちゃう場所だったから、両親はまとまったお休みがあると、よく旅行に連れていってくれた。大人になってから、当時どれくらいの国を訪れたことがあるのか気になって聞いてみたら、イタリア、スペイン、ポルトガル、イギリス、オランダ、ベルギー、スイス、ギリシャ、ノルウェー、マルタ、サンマリノ、バチカンに行ったことがあるらしい! 今、海外旅行が好きなのは、子どものころにたくさんの国を旅した経験が大きいんじゃないかな。ほかにもファッションやアート……なんでも吸収しやすい時期にいろんな文化に触れさせてもらったおかげで、視野が広がったと思う。両親に感謝しなきゃ!

私のお父さんは、"ザ・A型!"っていう感じで、しっかりしていて、家族思い。私がちょっと悩んだり迷ったりすることがあっても、"お父さんがいてくれるからなんとかなる!"って思えるヒーローみたいな存在なんだ。お母さんは、私と同じAB型で笑いのツボが浅くて、一緒にふざけてる時は友達同士みたいな関係かも。でも、悩みごとを相談すると、人生の先輩としてしっかりアドバイスをくれる。6つ上のお兄ちゃんは、お父さんそっくりのA型男子。私、お兄ちゃんには感謝してもしきれないくらい、昔たくさん面倒を見てもらったんだよね。どこに出かける時も必ず手をつないでくれたし、ふたりでお留守番する時は"お兄ちゃんがいるから絶対大丈夫"っていう安心感があった。おたがい年を重ねるにつれて、どうしても距離は離れていったけど、最近またいい感じになりつつある予感。なぜなら、2020年の私の誕生日、ひさしぶりにお兄ちゃんからおめでとうメッセージが来たから! 嬉しくて、そのまま「嬉しい」って送り返しちゃった(笑)。私が20歳になって一緒にお酒を飲めるようになったら、また関係性が変わっていきそうだなって楽しみにしてるんだ。

6年間学級委員をつとめたアクティブな小学校時代

日本に帰ってきたのは、幼稚園の終わりごろ。そのころの私は何かしゃべりたいことがあると日本語とフランス語がごちゃまぜになって、日本語もフランス語の並びになっちゃってる状態だったんだって。お母さんから聞いた話だと、「黄色いタクシー」を「タクシー黄色い」って言ってたみたい。それで、小学校に入る前に日本語の塾に通い始めたんだけど、そこでの勉強は超大変だった。日本語のほかにも、一般常識……たとえば日本では春にどんな花が咲くのかとか、秋に柿がなるって言われても「柿とは?」っていうところからのスタート。実際、小学校に入学してからも知らないことがありすぎて、カルチャーショックの連続だった。フランスの幼稚園では生徒が集合して座る時はアグラだったから体育座りを知らなくて、体育の時間にひとりだけアグラをかいていて先生に注意されたことも。そんな状況だったけど、小学校の間はたしか6年間ずっと学級委員をまかされてたんだよね。自分でもなんで推薦されたのか、全然わかんない! 学級委員は下校する時にクラスの先頭を歩かなきゃいけなかったんだけど、途中でスベって転んじゃったり、そのころからすでにちょっと抜けてるキャラだったのに(笑)。

小学校時代の私は、毎日ポニーテ

ールで学校に行って、〝体育大好き！ ドッジボール大好き！〟っていう、めっちゃアクティブな性格だった。スカートよりショートパンツ、通ってたバレエ教室で着るレオタードもピンクより水色。足が速かったから、陸上部の顧問の先生にスカウトされたこともあったんだ。今では考えられないけど(笑)。

雑誌が好き。その気持ちだけでモデルの世界に飛び込んだ

雑誌『nicola』のモデルオーディションに応募したのは、小6の時。もともとファッション誌を読むことが好きで、七五三の時に写真を撮られるのも大好きだった。だから、芸能界というものを100%理解しないまま、そのふたつが好きっていう気持ちだけで応募したんだ。結果は、グランプリをいただきました！ 初めての撮影は、ロケバスにテンションが上がったなぁ。〝これが芸能人の乗ってるやつだ！〟って(笑)。『nicola』の〝モデルの1日に密着！〟みたいな企画でロケバスからモデルさんが降りてくる写真をよく見てたから、存在は知ってたんだよね。私が『nicola』のモデルになった時、いちばん先輩だったのが古畑星夏ちゃん。いち読者としてずっと見てたあこがれの人と初めて一緒に撮影することになった時はめちゃめちゃ緊張したし、当時小学生だった私にとって、その時すでに高校1年生だった星夏ちゃんはすごく大人に見えた。撮影現場では、先輩たちのポージングを凝視して勉強したり、直接教えてもらったりする日々。昔から努力することは好きだったから、家でも雑誌の写真を切り抜いてノートに貼って、鏡の前で同じポーズを練習してた。そうやって努力をつづけてると、カメラマンさんや編集さんが変化に気づいてくれる。それが嬉しくて、また頑張ろうっていうモチベーションになってたんだ。

モデルのお仕事を始めて、人生初のメイクも経験。初めてプロのヘアメイクさんにメイクしてもらった時の感想は……魔法がかかったみたいだった！ 特に当時は、つけまをしたり、とにかく盛る時代だったから、よけいにそう感じたのかも。プライベートでもちょっとだけメイクをするようになって、見た目がかわいい『JILL STUART』のコスメや『DIOR』のディオール アディクト リップ マキシマイザーを愛用してた！ っていっても、ほとんどビューラーとリップくらいしか使ってなかったから、撮影現場で別人みたいに変身できるのが嬉しくて、お仕事に行くのが楽しみだったんだ。

バレエ、部活、モデル。いちばんやりたかったのがモデルのお仕事

モデルのお仕事に対する意識が大きく変わったのは、自分の将来について決めた中2の時。学校では体操部に入っていて、3歳の時に始めたクラシックバレエもずっとつづけてた。だけど、モデル、部活、バレエ、その3つを両立するのはさすがに厳しいって気づいて……。どれをとるのか悩んだ結果、選んだのはモデルのお仕事。すでにお仕事が生活の大半を占めてる状態ではあったけど、部活の仲間もいたし、バレエもやめたくなかった自分にとっては、かなり重い決断だった。でも、それ以上に大きかったのが、「モデルのお仕事が好き」っていう気持ち。自分のやるべきことが明確になってからは、よりいっそうポージングを勉強するようになった。中学生のころは前日食べたものが次の日そのままお肉として顔についちゃうくらい体型維持が難しかったから、食事にも気をつかってた。バレエをやめて運動量が減ったこともあって、食べる量を減らすか食べるものを工夫するしかなかったんだよね。とはいえ、いっぱい食べても、おなかがすいちゃう成長期。我慢するのは、つらかったなぁ。でも、頑張ったぶんだけ誌面に載った自分に自信が持てたし、何よりはげみになってたのは読者のみんなからの応援の声だったんだ。

『nicola』のモデルになって約2年半、先輩と一緒に飾らせてもらった初めての表紙。マネージャーさんから「表紙が決まりました！」って電話がかかってきた時のことは、嬉しすぎて今でも鮮明に覚えてる。すぐお母さんに報告して、ベストコンディションで挑むために撮影日までのメンテナンスもめちゃめちゃ頑張った。ただ撮影当日は緊張してたのか、現場でのことはあんまり覚えて

なくて。朝から気合いを入れて家で美顔ローラーをしてたところで記憶が止まっちゃってる……(笑)。

初めて女優のお仕事に挑戦したのも、その年。それまでモデルのお仕事しか知らなかった私にとっては、新しい世界に足を踏み入れたような不思議な感覚だった。いちばんの違いは、女優の現場では毎回同じ髪型やメイクをすること。作品ごとに同じ役を演じるわけだから当たり前なんだけど、洋服によってメイクや髪型をチェンジするモデルの現場しか知らなかった私にとってはそれがすごく新鮮だったんだ。監督さんと1対1でお芝居について話し合うのも、すごく楽しくて。女優業は、モデルやバラエティーのお仕事と同じくらい、これからも積極的にやっていきたいと思ってる。

中学生のころの私は、〝おしゃれ&メイク大好き♡〟のピーク！　制服をアレンジするのにハマって、リボンにユニコーンのピアスをさしたりしてたなぁ。プリーツスカートもめっちゃハヤっていて、もちろんヒザ上20cmの〝りんか丈〟(笑)。スカートのブランドは『EASTBOY』や『CONOMi』が定番人気だったんだけど、私は人と違うものを着たくて『BUBBLES』のスカートをはいてたんだ。そしたら、学校でみんなから「それ、どこの？」って聞かれて、嬉しかった記憶がある。コスメに関しては、モデルのお仕事を始めて3年くらいたって、どんなアイテムを買えばいいかわかるようになるにつれて、どんどんハマっていった。当時は青みがかったピンクが大好きで、リップも目元もチークも全部ピンク！　足すことしか知らない時期だったから、そのころの写真はメイクが濃すぎて、見返すのが恥ずかしい……。今でも中学時代からの友達に会うと、「マジでメイク薄くなったよね！」ってビックリされてるし(笑)。コスメと同じくらい香水も好きで、そのころからつけてる『ミスディオール』の香りをかぐと、ちょっと若返った気がするんだ(笑)。

仕事と学業の両立は、すごく大変だった。『nicola』は基本的に土日が撮影で、だいたいが朝から晩まで。定期試験の前は最上級にキツくて、撮影現場に教科書を持ち込んで勉強してたけど、それでもまわりにギリギリついていくのが精いっぱい。私が無事に中学を卒業できたのは、いつもノートを貸してくれてた友達のおかげ。ありがと〜！

1日も早くSTモデルの仲間になりたくて毎日必死だった

高校は、芸能活動がしやすいところへ進学。クラスには伝統芸能やスポーツの世界で活躍してるコもいて、すごく刺激を受けた。そして迎えた高1の3月、『nicola』モデルの卒業。そのタイミングで、モデルはそれぞれ「女優さんになりたい」とか「この雑誌に出たい」っていう目標があるんだけど、私は絶対『Seventeen』(以下ST)に入りたいって思ってた。もちろんずっと読んでたし、高校生の私にとって全部がドンピシャの雑誌だったから。それで、面接とカメラテストを受けさせてもらったんだ。カメラテストの前には、いつも以上にSTを読み込んでポージングを研究していった。動きながら撮ってるんだろうなっていうのが誌面から伝わってきたから、カメラテストではそれを意識したりして。それまで「はい、ポーズ！」っていう撮影が多かった私にしてみたら、〝大人雑誌への第一歩！〟っていう気持ちに。あとからスタッフさんに「満場一致で合格だった」って聞いた時は、嬉しかったなぁ。STモデルになって初めての撮影は、ご一緒したスタッフさんはもちろん、スタジオの場所までハッキリ覚えてる。その次の撮影はメイク企画、3回目は川津明日香ちゃんと一緒で、4回目は(江野沢)愛美さんとマーシュ(彩)と一緒だった。なんでこんなに記憶が残ってるかというと……実は、最初のころはカメラマンさんも編集さんもヘアメイクさんも初めて出会うかたばっかりだったから、撮影があるたびに毎回みなさんの名前をスマホのメモ機能に書いてたんだ。この間見返してみたら、編集部に行く時の最寄り駅の出口や集英社スタジオまでの行き方も書いてあった(笑)。1日でも早くSTモデルの仲間になりたくて、必死だったんだよね。

STで連載ページを持てたこと、初めての海外撮影(しかも横田真悠ちゃん&大友花恋ちゃん&マーシュとの表紙！)……どれもがすべて忘

れられないできごと。そして、初めてのソロ表紙。これまでそうそうたるかたちが飾ってきた歴史ある雑誌の表紙をひとりでやれるなんて、本当に夢みたいだった。髪にリボンを巻いたり、肌見せの衣装だったり、全部が自分の好きなテイストだったこともあって、今でも宝物の1枚♡撮影当日は衣装やヘアメイクを変えて2パターンの表紙を撮ったんだけど、自分の中で集中のピークを2回作るのが難しくて……。メイクチェンジ中に気持ちをコントロールしながら持ってる力を出しきったその日、撮影が終わってから友達と食べたアイスが信じられないくらいおいしかったんだよね。働く大人が仕事終わりに飲むビールって、こういう感じなのかなって思っちゃった(笑)。

中学生のころは、撮影現場でうまくポージングができなくて、泣きながら家に帰ることもあった。だけど、今は、仕事で落ち込んでも〝よし！次、頑張ろう！〟って切り替えられる力がついた気がする。でも、高3の時だったかな。原因不明で突然肌が荒れちゃった時は、さすがに落ち込んだ。まわりの大人のかたに話を聞いたら、10代の時に肌質が変わることって、めずらしくないらしくて。早く治したい一心で、アレルギー検査をしたり、クリニックに通ったり……。その時メイクさんに教えてもらった〝肌を清潔に保つために洗顔後はティッシュで水分をふきとる〟は、今でもつづけてる。

モデルは、生まれ変わっても絶対にやりたいお仕事。1冊の雑誌ができあがるまでには本当にたくさんのスタッフさんの努力や協力がある。私は、それが雑誌という形になる瞬間がすごく好き。できあがった1冊を手にとってそんなふうに幸せを感じられる瞬間が毎月訪れるのは、このお仕事ならではだなって思うから。

好きなことなら超頑張れる。そんな自分は嫌いじゃない

好きなものはとことん好き、興味のあることに対してはめちゃめちゃ頑張る。ここまで読んできてくれたかたにはすでに伝わってるかもしれないけど、私の性格を簡単に言い表すなら、そんな感じ。1度集中するスイッチが入ると、それしか見えなくなっちゃう。このスタイルブックの撮影が連日つづいた時は、もうそのことしか考えられなくて、帰ってる途中とか家でごはんを食べてる時は無の状態。お母さんいわく、会話もほとんどしなくて、ロボットみたいだったらしい(笑)。でも、そういうモードになる自分は嫌いじゃない。好きなものを追求しつづけてきたからこそ、こうやって美容に関する本を届けることもできたと思うから、これからも大切にしていきたい私の長所だと思ってるんだ。

……なんかこうやって話してると超ストイックな人間みたいだけど、頑張ったぶん、自分へのごほうびもしっかりあげるタイプ(笑)。撮影終わりの定番ごはんは大好物の焼き肉だし、コンビニで好きなお菓子を全部買ってきて「まずはどれから手をつけよう〜？」って考えるのが至福の時間♡ どんなことがあっても、私の場合は好きなものを食べたら忘れちゃう(笑)。

19歳の今は、ラストティーンの1年を走ってるところ。18歳最後の日にスタイルブックの撮影が始まったから、この本には18歳と19歳の両方の私がおさめられてるんだ。19歳の誕生日からここまでの数か月は、本当にあっという間だった！それだけ充実してるっていうことだから、このまま突き進んで〝気がついたら20歳になってた！〟っていうのもアリかもって思ってる。20歳になったらやりたいのは、両親を食事に連れていくこと。今までずっと連れていってもらう側だったけど、そこであらためて感謝の気持ちを伝えられたらいいなって思ってるんだ。

今回のスタイルブックは、ありのままの自分を100%さらけ出した感じ。このインタビューもそうだし、美容の何が好きなのかをここまで披露したのは初めて。恥ずかしさもあるけど、全部伝えられてよかった〜！自分自身と向き合って再認識したのは、私はモデルのお仕事が大好きなんだっていうこと。だからこそ、どこかで満足しちゃうんじゃなくて、ずっと学びつづけていたい。常に何かを追求してないと空っぽになっちゃう性格だしね(笑)。自分の色を大事にしながら、幅広い世代のかたに認知してもらえる存在になることが目標です。

Off Shot

お昼ごはんタイム。ちょうど
お誕生日でお祝いも一緒に♡

ベッドが気持ちよくて、本当に
眠くなっちゃったなぁ(笑)。

いつものSeventeenと違う雰囲気の
メイクやお洋服がたくさん。

ロケ最後の１カット終了した時。
寒かったけど頑張った日。

映画館をお借りして撮影。
スタッフのみなさんと記念写真。

編集部で写真のセレクトをしてるところ。
なんと２万枚近く撮影したんだよ！

たっぷりフリルがお気に入り
だったドレススタイル。

使うコスメを選んでるところ！
コスメたくさんで楽しかったな♡

すっごい着たいと思ってた
ドレスが着られてHAPPY☆

たんぽぽの刺繍入りの
素敵な布を使って撮影。

この日の２カット目。だけどまだ
朝早くて、いい感じの朝日が！

スタイリストさん手作りシュシュ。
撮影中よくつけてた！

自撮り〜！　さてどこのページの
メイクでしょうか!?

雲ひとつない青空で、最高の
お天気だったよー！

この日も晴れ！　最高！
私、晴れ女なんだ♡

みんなの質問に答えるよ！

“みんなからもらった美容のこと、好きなもののこと、
プライベートのこと。いろんな質問に答えていくよ！
私のことをちょっとでも知ってもらえたら嬉しいです♡”

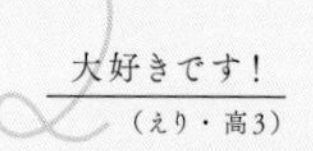

Q 大好きです！
（えり・高3）

A それ以上に嬉しい言葉はない❤

Q ダイエットでしちゃダメなことってありますか？
（あや・高2）

A 過度な食事制限！

ストレスになるし、私の場合は食事制限すると
肌が荒れやすくなっちゃう。食べることは、自分の一部。
自分に合ったものをちゃんと食べよう！

Q りんかちゃんの座右の銘が知りたい！
（ありんこ・高1）

A 〝継続は目に見える結果になる〟。

Q 琳加ちゃんにとって、ファンはどんな存在？
（この・高1）

A 大好きだし、支えてくれる大切な存在♡

Q コスメを買う基準はある？
（ユリリン・高1）

A これが使いたいって気持ちがキラキラしちゃったら買います！

Q リップは何本持ってる？
（キキ・高1）

A 約130本。

これはその一部。

Q パーソナルカラーは気にしてる？
（ななみん・高2）

A 気にしてないけど、好みの色はあります！

気にするより〝この色を塗りたい〟って気持ちを大切にしたいな。
気に入った色は研究して、なんとか自分に似合わせるようにする！　使い方で全然変わるよ。

Q 地球最後の日、何が食べたい？
（さー・中3）

A やっぱりお肉！

Q 好きな食べ物は？
（キリン・高2）

A お肉！ とくに豚肉！

一生お世話になります（笑）。疲れも取ってくれる食材！

Q ST㊣以外で誰と仲がいい？
（TOMO・高3）

A

同じイベントに出て仲良くなったのがきっかけ。大切な友達!!

Q 親友は何人いる？
（ゆう・中3）

A 3人！

Q おやつ、我慢してますか？
（ピカピカ・中2）

A してません！

でも16時までに食べるようにしてる。朝とお昼、そのあと16時までは好きなものをたっぷり食べて、夕食は軽めに。

Q 恋をするとメイクとか服とか変わる？
（ささ・高2）

A 変わらないよ！

Q 好きな男の子のタイプを教えてください。
（だーたか・高3）

A 何かに向かって頑張っている人！

Q 今までに告白された回数は？
（かほ・高2）

A これは…！（笑）

ご想像におまかせします……（笑）。

Q 好きな人がいる時、どーやってアピールしますか??
（かえで・中3）

A 自分からはいけない…。

Q デパコスデビューにおすすめのコスメは？
（あられ・高3）

A 『DIOR』のマキシマイザー。

私もデパコスデビューはこれの〝001〟だった♡ 今は色つきもたくさん出てるから、好きな色が選べるよ。

Q 好きな人ができたらどうなる？
（もえくま・高3）

A 毎日ハッピー♡

Q 自分に自信を持つには？
（まりん・高2）

A 褒められて嬉しかったことをちゃんと覚えておいて、自分の中にストックしていく！

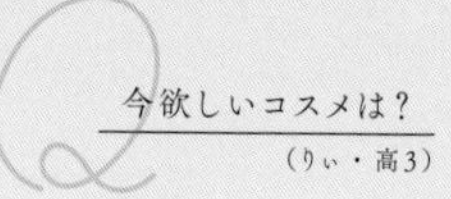

今欲しいコスメは？

（りぃ・高3）

A『Rouje Paris』のリップが欲しー！

パリのお洋服ブランドで、おしゃれなリップも出してるの！

自分の中で一番自信のあるパーツはどこ？

（まりも・高1）

A 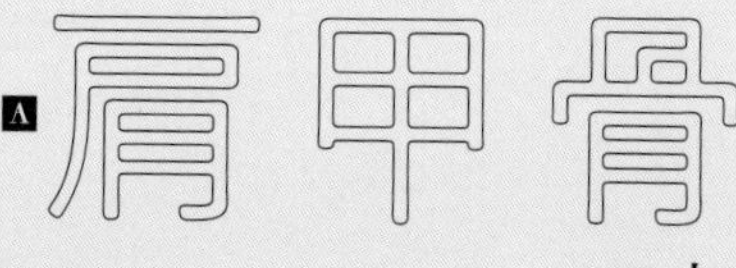

です♡

初めてメイクをする時のコツは？

（すみれ・中3）

A いきなりフルメイクではなく

1パーツずつ進んでいこう！

1か所ずつ攻略して！

初めてメイクをするならどこから挑戦するのがいい？

（すずらん・高1）

A ビューラーでまつげを上げてみよう。

これだけでも全然違うよ。

コスメはどうやって収納してる？

（めいな・高1）

A 使用頻度ごとにポーチで仕分け。

スタメンコスメをa。その他のコスメをb、c。海外で買ったハデめなコスメをdに入れてます。

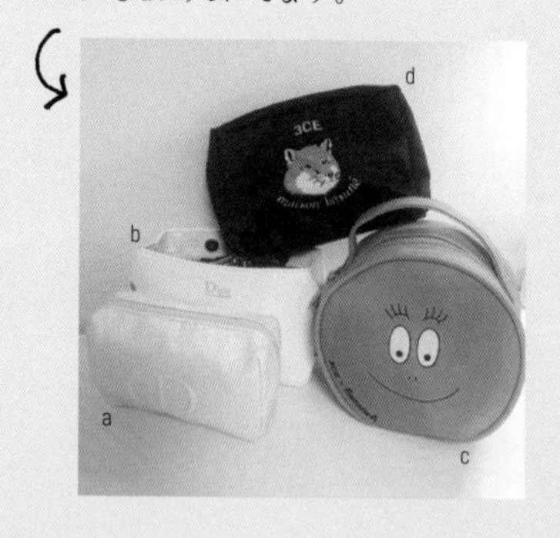

よく買うコスメブランドは？

（ユリリン・高1）

A 本当にバラバラかな！

学校におすすめのコスメは？

（くま.s・高2）

A 学校用にアイテムをそろえるというより、好きなコスメをナチュラルになるように

塗り方を変えてみよう。

例えばリップは中央にだけポンっとのせて、指でぼかすようにのばしたり。

1か月のコスメ予算は？

（あきゃるん・高3）

A 決めてないけど

新作の発売月に合わせて前後で調整してます。

自分の顔で一番好きなところは？

（はる・高2）

A 左のこめかみにあるほくろ、かな？

Q 好きな映画は？
（ふぅ・高2）

A 『きみに読む物語』。

Q 好きなものの幅が広すぎて、本当に何が好きなのかわかりません。
（りん・高1）

A スマホに「好きなもの」フォルダを作る！

そこに好きなものの画像をどんどんためていくと、全体を眺めた時に好みの傾向がわかってきて、自分の好きなものがつかめてくるからおすすめ！

Q りんくまの美容飯は何？
（ちい・中3）

A おかゆ。納豆。キウイ。りんご。

納豆はおやつの代わりにそのまま食べたり、お肉と一緒に炒めたり。

Q リップを色もちさせるにはどうしたらいい？
（せいか・18歳）

A なめちゃわないように練習！

意識すると、もちが変わるよ！

Q 注目してる韓国ブランドは？
（ror・高3）

A 『hince』と『HERA』。

リップとアイシャドウを買いたいなぁ。

Q コスメはどうやって探してる？
（なーここ・高2）

A 美容雑誌などで気になったものを

見に行く！

Q 好きな服のブランドはなんですか？
（かほ・中3）

A Rosarymoon、Verybrain、DICH HENDERSON、ELLIE。

Q りんくま流・時短メイクの方法は？
（みう・高2）

A 下地を塗る。

肌が整ってたらあとは眉&マスカラくらいでなんとかなる。

Q 今までどんな習い事してましたか？
（ピーナッツ・中3）

A クラシックバレエ。

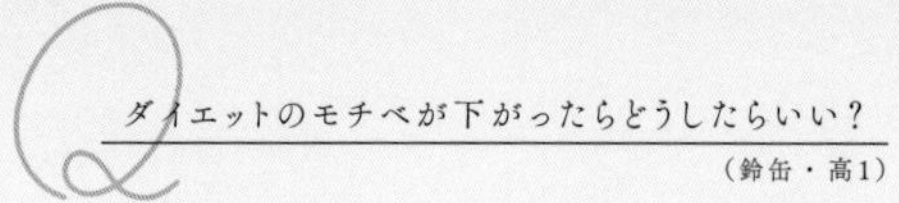

ダイエットのモチベが下がったらどうしたらいい？
（鈴缶・高1）

過去の自分はふり返らず、
これからの最高な自分を想像する！

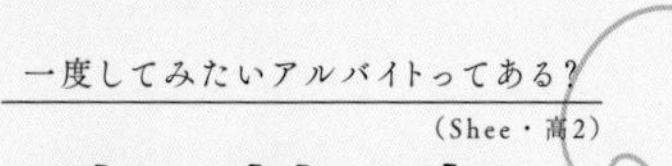

一度してみたいアルバイトってある？
（Shee・高2）

喫茶店で働いてみたいなぁ。

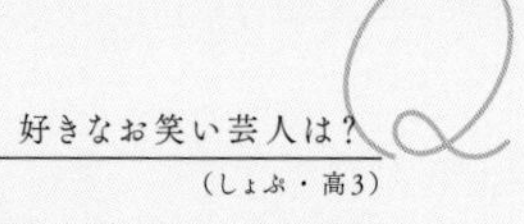

好きなお笑い芸人は？
（しょぶ・高3）

ちゅうえいさん、
霜降り明星さん、
宮下草薙さん、
フワちゃん。

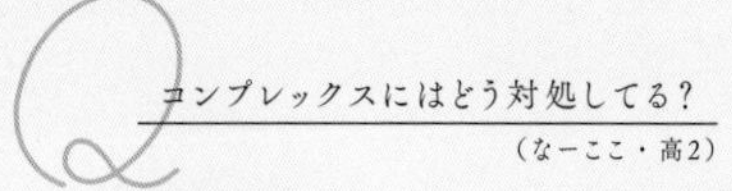

コンプレックスにはどう対処してる？
（なーここ・高2）

時間がかかっても向き合う姿勢！ あとは
良い面を伸ばしていくことが大切！

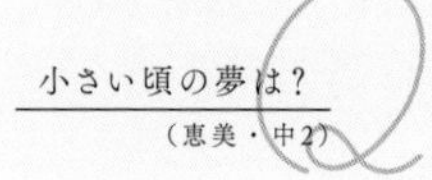

小さい頃の夢は？
（恵美・中2）

バレリーナ。

学生の時、得意な科目はなんだった？
（rika・中3）

小学校では社会。
中学校では体育。 高校はどの科目も平均的
だったかな？ 古文以外は……（笑）！

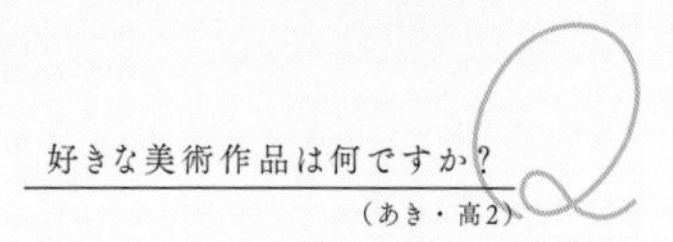

好きな美術作品は何ですか？
（あき・高2）

モネの『日傘の女』。

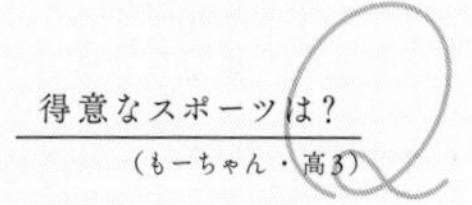

得意なスポーツは？
（もーちゃん・高3）

ドッジボール！

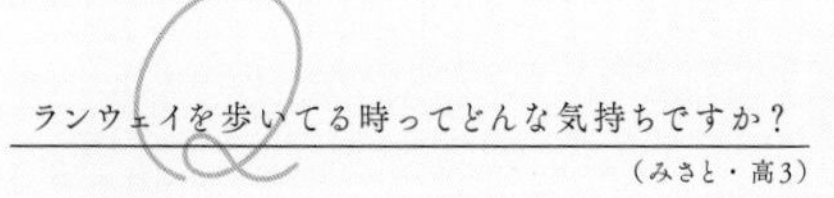

ランウェイを歩いてる時ってどんな気持ちですか？
（みさと・高3）

集中力がガッと上がります！

自分を動物にたとえると？
（まる・高1）

ポメラニアンと
言われたことはあります（笑）。

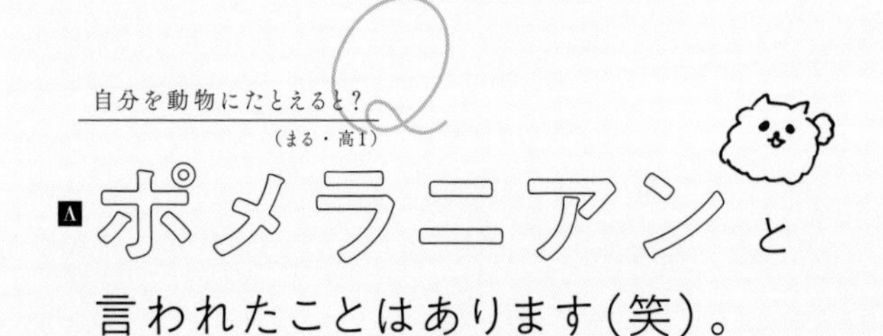

好きなYouTuberは誰ですか？
（ゆか・高2）

kemioさん！

りんくまみたいなかわいい笑顔になるには？
（すずは・高2）

A 先にワクワクする予定を入れておく♡

楽しみな予定があると自然と笑顔になっちゃう♡
大変な時でも意識的に息抜きして、メリハリをつけるといいよ。

旅好きなりんくまちゃん。将来、旅先で挑戦してみたいことはある？
（せき・高3）

A 挑戦ではないけど

世界中の国に、いつも行く
行きつけのカフェを作りたい！

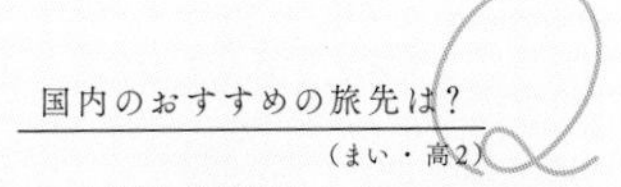

スマホのロック画面見せて！
（まるちゃん・高3）

A

サムイ島で撮った
海の写真だよ♡

国内のおすすめの旅先は？
（まい・高2）

A 沖縄の竹富島。同時発売の写真集の撮影で訪れて、本当に素敵だった！

旅先はどうやって決めてるの？
（ゆーり・中3）

A 気分♡

最近ハマってることは？
（ちーちゃん・高3）

A ずーっとNetflix！

聴くとアガる曲は？
（もこ・高2）

A ショーン・メンデス、カミラ・カベロの
『Señorita』と、The 1975の『Girls』。

Netflixで何見てるの？
（ゆーは・高1）

A 大好きな『きみに読む物語』のほかに、
『きみがくれた物語』
『ノッティングヒルの恋人』
『リバーデイル』『恋するアプリ Love Alarm』
『恋のゴールドメダル
～僕が恋したキム・ボクジュ～』
『アバウト・タイム～愛おしい時間について～』
『親愛なるきみへ』……
などなど、たくさん！

この仕事してなかったら何してたと思う？
（さと・高2）

A なんだろ
全然思いつかない！

最近嬉しかったことは？
（モモんガ・高3）

A この本を出せたこと♥

私服の りんくまとデート。

ゆるーく
デート
“大好きな彼とのデートではどんなメイクをしたいかな？って、私服コーデに合わせて妄想してみた♡
シーンに合わせた2パターン。一緒にデートしてるみたいな気分で(笑)、どうぞ！”

私服 list

one piece...
ELLIE
bag...
N°21
earrings...
KNOWHOW JEWELRY
necklace...
Tiffany & Co.
rings...
TEN.
e.m.

おめかしデート

彼がよく行くカフェに連れてってもらうから、
ちょっぴり背伸びしたおめかしバージョン♡
赤リップメインにバックコンシャスなワンピ……
"自慢したくなる彼女"って思ってくれるかな～♪

お待たせー♡

待ち合わせ

『待ち合わせ場所には彼が先に着いていて、私を見つけて声をかけてくれるのが理想♡』

映画館で恋愛映画を

『横並びで楽しめる映画はドキドキな恋愛もの希望。終わったら感想言い合ったりしたいんだ♡』

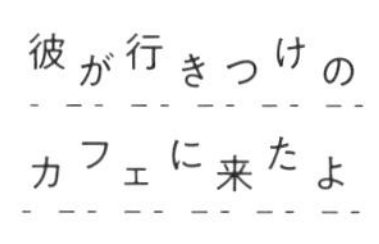

「店員さんと仲良くなるほど彼が通ってるお店に行きたい。"いつも"のメニューを私も食べたいの☺」

次、どこ行こっか♡

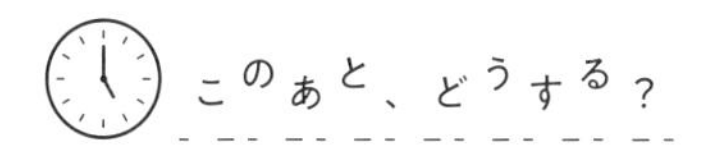

「どうしよっか〜って2人で話すのも好き♡まだ帰りたくないっていう、お互いに感じてる空気感にキュンとしたいっ！」

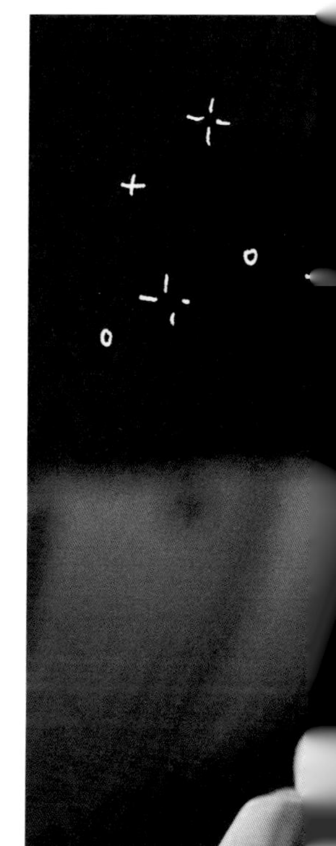

ゆるーくデート
さらっとメイクでまったりデートも最高〜！
アクティブに公園で遊んで、おやつを買って、
彼の部屋でゲームして。ゆる〜く、
のんび〜りすると彼との距離がぐっと縮まりそう。
公園でまったり
『シャボン玉とかバドミントンとか、やるなら思いっきり！ 一緒に楽しんでくれるところが好き〜ってつい言っちゃいそ♡』
私服list
jacket… ZARA
tops… ELLIE
pants… the Virgins
bag… MARROW
shoes… ETRÉ TOKYO
ear cuff… KNOWHOW JEWELRY
あ
あ
勝負!!
いくよー!!
エーン
ドーナツ買って帰る！
いいにおい〜！
くんくん
早く帰ろー！
LOVE YOUR NEIGHBOR
『近所にできたドーナツ屋さんで2人分買うの。待ちきれなくて走って彼の部屋まで帰っちゃうかも(笑)。』

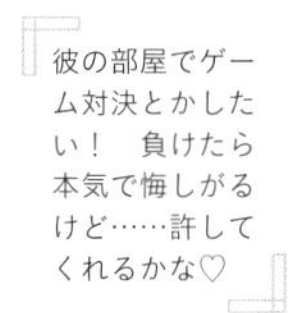

『彼の部屋でゲーム対決とかしたい！ 負けたら本気で悔しがるけど……許してくれるかな♡』

『ゲームに負けたショックはドーナツで癒す(笑)。口についた砂糖も、崩れたヘアも、彼の前ならOKってことで♡』

おめかしデートのメイク。

赤リップでしっかり
おめかし感出しつつ、
キリッと眉で
バランスを調整したよ。

眉はキリッと大人めに

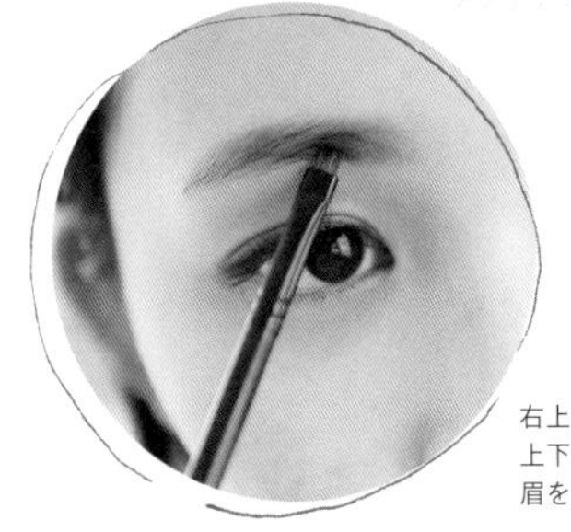

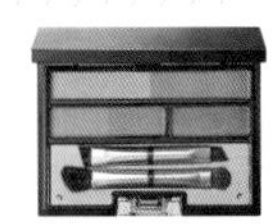

これ1つでどんな眉にも対応。自然な仕上がりが叶う。アイブロウ　クリエイティブパレット￥4200／イプサ

右上、右下の色を混ぜ、眉頭の上下を足し、少し太めに。平行眉を意識して、眉尻はさらっと。

赤っぽシャドウを幅広に

4種の色と質感で、さまざまなアイメイクができる！　ディメンショナルビジョンアイパレット 09￥6500／THREE

1 左上の色を付属のブラシにとりアイホール全体に。眉下まで広めにオン。

2 左下の色をチップにとり、上まぶたの黒目外側〜目尻までライン状に。

赤リップを主役に

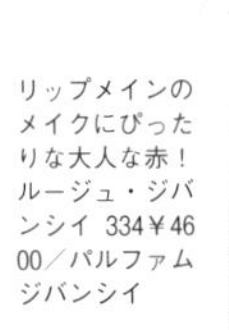

リップメインのメイクにぴったりな大人な赤！　ルージュ・ジバンシイ 334￥4600／パルファム ジバンシイ

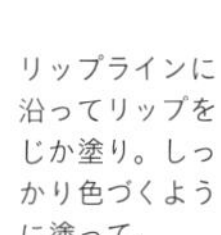

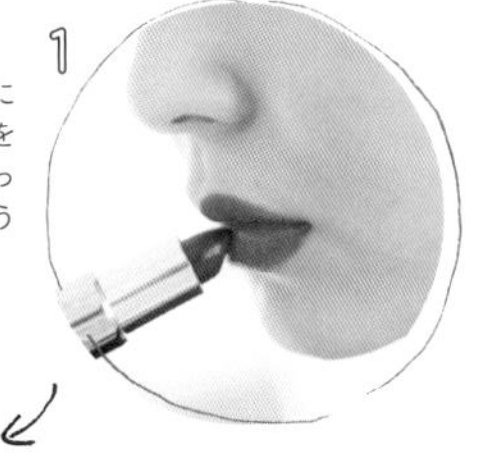

1 リップラインに沿ってリップをじか塗り。しっかり色づくように塗って。

2 輪郭を指でぼかしてあいまいに。そうすることでモードになりすぎずに、おめかし感が！

ほーんのり色気チーク

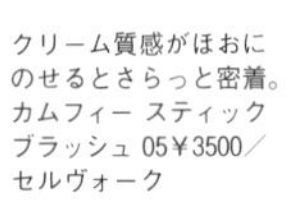

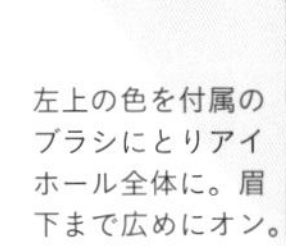

クリーム質感がほおにのせるとさらっと密着。カムフィー スティック ブラッシュ 05￥3500／セルヴォーク

1 チークを指にとったら手の甲にトントン。量を調整してつきすぎ防止。

2 ほおの中央に小さな丸を意識してのせて。うっすら色を感じる程度に。

ゆるーく デートの メイク。

やわらかい雰囲気の出る
コーラルと相性のいい
アイスブルーを組み合わせ

ふわふわ血色ON

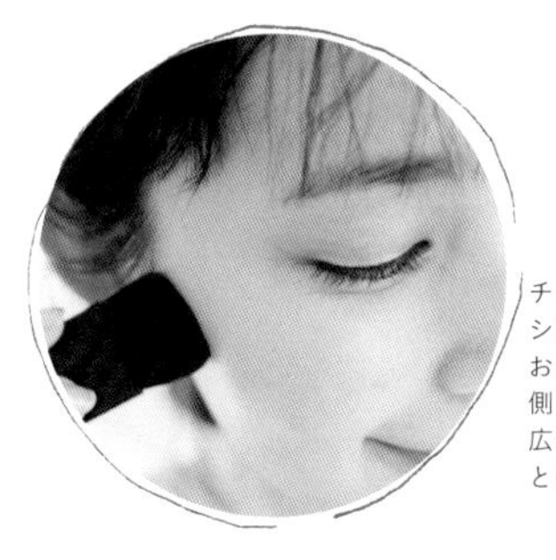

チークをブラシにとり、ほおの中央→外側に向かって広めにふわっとのせる。

シルクのようにのびのいい新チーク。グロー プレイ ブラッシュ ザッツ ピーチィ¥3500／M・A・C

アイスブルーをライン使い

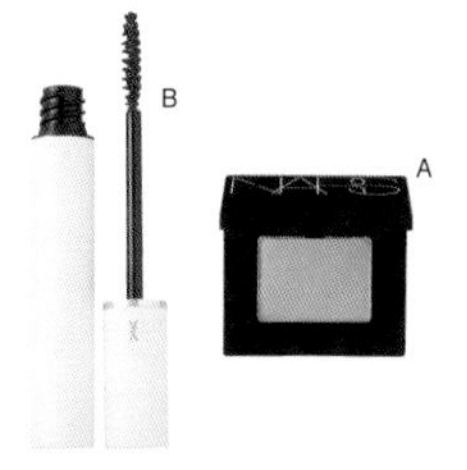

A ハッと目をひく輝きが宿る。シングルアイシャドー 5332¥2500／NARS JAPAN **B** メイクのスパイスになる高発色ブラウン。エレガンス クルーズ カラーフラッシュ マスカラ BR01¥2800／エレガンス コスメティックス

Aを細めのブラシにとり、目頭～目尻まで細いラインのように引く。

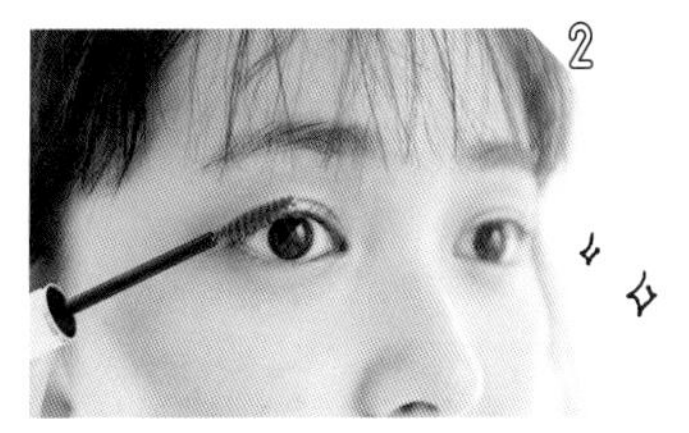

Bのマスカラはさらっと。上まつげのみ1度塗りでニュアンスを。

コーラルピンクなリップで仕上げ♡

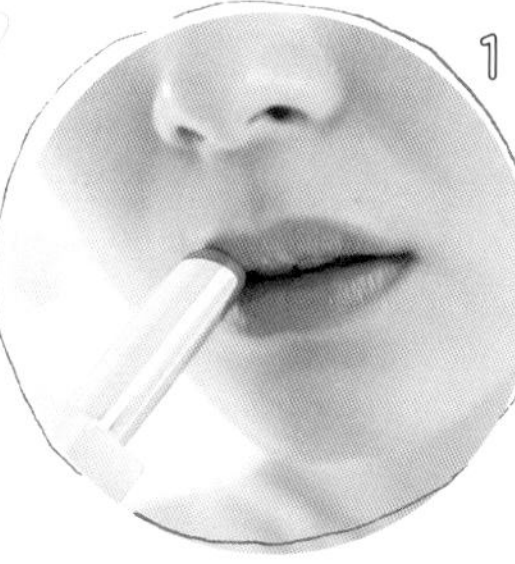

唇全体にじか塗り。さらっと軽く塗る程度でOK。

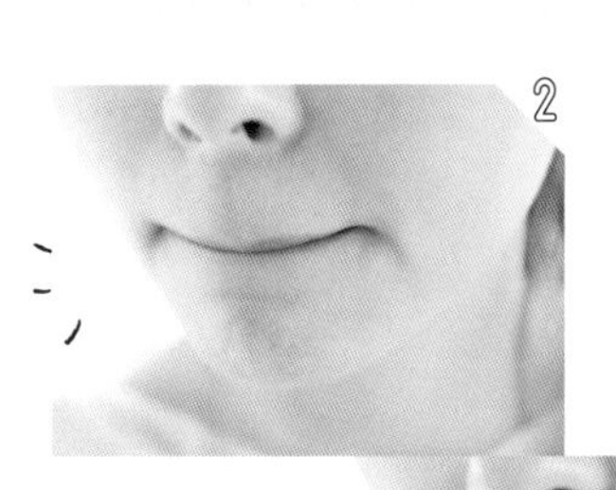

上下の唇を合わせ色をなじませて。そのあと"ん～まっ"でムラをなくす。

メイクしながらケアも。リップスティック コンフォート エアリーシャイン 08¥3500／RMK Division

スキンケアはいつもの。洗顔料は小分けに。

日焼けした時、マッサージしたい時など、用途に合わせて変えたいからボディクリームはいろんなテクスチャーを持っていきます。

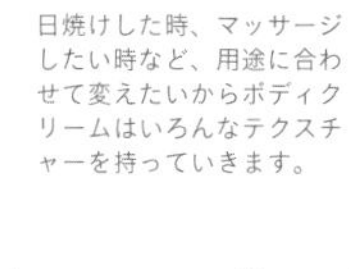

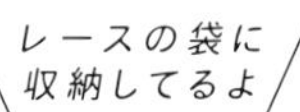

ボディクリームはいろいろ持っていく。

海外だと肌が敏感になるし惜しみなく使いたいからスキンケアはいつものサイズをそのまま持っていくよ。洗顔料とクレンジングは場所や季節に合わせた種類をミニボトルに詰め替えて。1番左はシャワージェル。これプラス、パックを多めに。

キレイになる旅

"旅は私にとって欠かせないもの。写真で見るだけじゃなくて
自分自身でその国や景色を感じたいから！　今回は、大好きな
オーシャンリゾートに行く時の私物とポイントをお見せします。
今までの旅の思い出プライベート写真にも、お付き合いください♡"

お洋服はコーデごとにパッキング。

A 『Rosarymoon』のサロペット

B 『DICH HENDERSON』のビスチェ

C 『PJ』のルームワンピ

D 『ジェラートピケ』のルームウエア

E 『ラヴィジュール』のパジャマ

旅先ではごはんに行く時、ビーチ……と場所に合わせて1日2回は着替えるよ！　日本でコーデを組んで、コーデごとにジップつき袋に仕分け。それを大きなポーチにまとめます。A.Bはおでかけ用。C.D.Eはお部屋で過ごす用。ホテル内も快適でいたいから、ルームウエアもこだわってる♡

場所に合わせて夏っぽい小物をチョイス！

麦わら、ビーズバッグ、サングラス。リゾートならではの小物も旅を盛り上げてくれる！

リラックス用小物はまとめてしまうよ。

アイマスクは飛行機内で使ってます。ヘア小物は朝ごはんに行く時とかにサッとまとめられて、持っていくと便利なの！

いつもより少しハデめなコスメを♥

いつものコスメ＋日本ではあまり使わない、少しハデめな海外コスメも多めに持っていくよ。リゾートだといつもよりハデな色とか質感がハマるから！

ジップつき袋に入れて持ち運び。

靴や服はジップつき袋に入れてからスーツケースに。中身も見やすいし、ちょうどいい大きさの袋もあるから便利！

メイクブラシをケースに入れて。

メイクブラシは専用のケースに入れて持ち運び。バラバラにならなくて旅行時に便利。

憧れの〝マリーナベイ・サンズ〟はやっぱり最高！

SINGAPORE
SINGAPORE

シンガポール

旅の思い出

「シンガポールで一番の思い出は、地上約200mに造られた長〜い船みたいな形のインフィニティプールが有名な〝マリーナベイ・サンズ〟。この高さからの眺めは最高で(写真左下)、サンセットの時間もまた格別でした(写真左上)。シンガポールはいろいろな文化がミックスされているのが魅力。街並みもカラフルだったりアジアっぽさがたっぷりだったり(写真中央・中央左)。食文化にイギリスの影響もあって、アフタヌーンティーも楽しめました(写真右下)。紅茶といえば、はずせないのがシンガポール発の紅茶ブランド『ＴＷＧ』。紅茶自体ももちろんおいしいんだけど、私のおすすめはここで買えるおしゃれなキャンドル。P73でベッドサイドで焚いてるアロマキャンドルも、ここで買ったもの♡　日本では着にくいタイトめなお洋服や麦わら帽子など、リゾートっぽさあるファッションで満喫しました」

TRAVEL & MAKEUP

アジアの文化を思いっきり楽しめる

VIETNAM ベトナム

VIETNAM

旅の思い出

「私が行ったのはベトナム中部にあるホイアン(写真下中央)とダナン(写真その他)。ホイアンは旧市街が世界遺産にも登録されている歴史的な雰囲気の街で、ダナンは青い海が魅力のビーチリゾート。車で1時間かからないくらいだから、一度の旅で両方訪れられるよ！　ホイアンでは現地で買ったアオザイを着て旧市街地を歩いたのが、ベトナムを全身で感じられて楽しかった(写真下中央)。ダナン大聖堂(写真左下)もピンク色がかわいくて素敵だったな(中に入る時は肌の露出に注意！)。ベトナムといえば！のベトナムコーヒーもおいしくて、素敵なカフェがたくさんでした。お気に入りはダナンにある『Ut Tich Coffee』(写真右下)。ベトナムではカラフルな街並みの雰囲気に合わせて、リップメイクは濃いめにして楽しみました♡　お土産に買ってきたボディオイルもすごく良くて、ベトナムコスメにも注目です」

リラックス感最高で、中からキレイになれる場所。

KOH SAMUI サムイ島

KOH SAMUI

TRAVEL & MAKEUP

旅の思い出

「タイの南部に浮かぶ島・サムイ島ではリゾートホテルでのんびりステイ。観光スポットもあるけど、この時はビーチサイドで波の音を聞きながらゆっくり過ごして(写真上左・上中央)、心身ともにリラックスできました。時間がいつもよりゆっくり流れているような気がしたよ。ビーチなのでどうしても紫外線が強いから、日焼け止めはこまめに塗りなおし。せっかくのリゾート。日焼けを気にして服で隠すことはせず夏っぽい肌見せコーデで過ごしたけど、気がついた時に塗りなおすことで焼けずにすみました！　見渡す限りの青い海に合わせて、ネイルもブルーに(写真右中央)。夕焼けがとってもキレイ(写真下中央)で、島に咲くプルメリアのお花(写真右下)もかわいくて……。特別なことをしなくても、とにかく癒された旅。リフレッシュしたい人に、絶対おすすめしたい島です！」

食べ物も街もファッションも　すべてが満たされる

ITALY イタリア

ITALY

旅の思い出

「イタリアではミラノへ。モダンなファッションと古き良き街並みがミックスされていてすべてが素敵でした。おすすめは〝サンタ・マリア・デッレ・グラツィエ教会〟。『最後の晩餐』の壁画がある場所としても有名で、予約が必要だけどぜひ訪れてほしい！　ごはんも何を食べてもおいしくて幸せだった♡　夕食にはたっぷりの生ハム(写真右下)を食べたり、ジェラート(写真左上)も最高！　朝ごはんに入ったパン屋さん(写真右中央)では、天井にパンがつるされたディスプレイが。いたるところにアーティスティックな雰囲気がありました。〝ドゥオーモ〟にも行ったよ(写真左中央)。ちょっとした道もおしゃれ(写真中央)。そんな街並みに合わせて、いつもより濃いめのメイクと波ウエーブヘアで大人っぽくしてみたよ。イタリアで見つけたおすすめのアイテムは『KIKO MILANO』のコスメ。お土産にもおすすめ」

この本を手に取って頂き、ありがとうございました！

私の大好きな美容についてお話できて幸せな時間でした☺

ゆるりと自分を磨いていく時間があることで、

内側から愛溢れるような柔らかい女性になれるのかな、

と私は思っています♡

またどこかで皆さんに会えますように。

Staff

♡ 久間田琳加(Seventeen専属モデル)

撮影	三瓶康友[表紙、P1-7、P40-41、P44-54、P58-67(イメージ)、裏表紙]
	花盛友里[P8-21、P38-39、P68-77、P84、P110-112]
	久々江満[P22-27、P104-105]
	浜村菜月(LOVABLE)[P28-31]
	MELON(TRON)[P32-37、P42-43、P78-81]
	細谷悠美[P55-57、P63-66(プロセス)]
	北浦敦子[P96-103]
スタイリスト	ミク[表紙、P1-21、P28-81、P84、P110-112、裏表紙]
	前田涼子[P96-103]
ヘア&メイク	林由香里(ROI)[表紙、P1-7、P40-41、P44-54、P58-67(イメージ)、裏表紙]
	中山友恵[P8-21、P38-39、P84、P96-103]
	北原果(KiKi inc.)[P28-37、P42-43、P55-57、P63-66(プロセス)、P68-81、P110-112]

エグゼクティブ プロデューサー	本間憲(レプロエンタテインメント)
アーティスト プロデューサー	西原勝照(レプロエンタテインメント)
アーティスト マネジメント	新崎玄、原田七海、田中湧土(レプロエンタテインメント)
アーティスト プロモーション	山田恭子(レプロエンタテインメント)

取材・文	浦安真利子[P16-27、P32-43、P58-67、P96-103]
	吉川由希子[P84-88]
デザイン	秋元美絵(tripletta)
デザイン進行管理	田島啓隆(Beeworks)
	丹内ゆり(Beeworks)
制作進行	鈴木友幸
校正	加藤優
編集長	鈴木桂子
副編集長	成見玲子
編集	田中星子

明日、もっとキレイになる♡

りんくまがじん

2020年6月10日　第一刷発行

著者／久間田琳加
発行人／安藤拓朗
発行所／株式会社 集英社
〒101-8050　東京都千代田区一ツ橋2-5-10
Tel　03・3230・6241(編集部)
Tel　03・3230・6393(販売部・書店専用)
Tel　03・3230・6080(読者係)

本文製版／株式会社Beeworks
表紙製版／大日本印刷株式会社
印刷・製本／大日本印刷株式会社

Printed in JAPAN　©SHUEISHA 2020
ISBN978-4-08-790011-8　C0076
定価はカバーに表示してあります。

✦ ✦ ✦

化粧品協力(50音順)

アディクション ビューティ、アナ スイ コスメティックス、アリエルトレーディング(ファミュ)、RMK Division、アルビオン、イヴ・サンローラン・ボーテ、井田ラボラトリーズ(キャンメイク)、イニスフリー、イプサ、ヴェレダ・ジャパン、uka Tokyo head office、エチュード、msh、MTG、エレガンス コスメティックス、カネボウ化粧品、KISSME(伊勢半)、Clue、クレアモード、コスメキッチン、コスメデコルテ、コーセー、SHIGETA Japan、資生堂、シュウ ウエムラ、ジュリーク・ジャパン、ジョンマスターオーガニック、ジルスチュアート　ビューティ、シロ、STYLENANDA 原宿店、SUQQU、THREE、セルヴォーク、セルフマジック(LiKEY BEAUTY)、SERENDI BEAUTY JAPAN、TWO(Sleepdays)、トム フォード ビューティ、NARS JAPAN、ニックス プロフェッショナル メイクアップ、パルファム ジバンシイ、パルファン・クリスチャン・ディオール、M・A・C、マリークヮント コスメチックス、ミルボン、無印良品、ヤーマン、ランコム、レイジーワークス、ローラ メルシエ ジャパン、ロレアル パリ

衣装協力(50音順)

R&E、IKUHO YAMANA、Isn't She?、H&M カスタマーサービス(H&M CONSCIOUS EXCLUSIVE)、ete、épine、EMODA ルミネエスト新宿店、KAORU ZHOU、CA 4 LAショールーム、CASSELINI、CLEAR IMPRESSION、claire's 原宿駅前店、k 3 OFFICE(k 3 &co.)、神戸レタス、The Girls Society、SIIILON、95JIEUN、SHIPS any 渋谷店(chibi jewels/CO＊STARRING)、Jouete、jouetie、SmallChange Koenji、723-seven two three-、ダイアナ 銀座本店(ダイアナ)、dazzlin、タビオ(靴下屋)、NORMA JEANS BLU、HONEY MI HONEY、papier、PAMEO POSE、PEACH JOHN、Priv.Spoons Club 代官山本店、flower、FREAK'S STORE渋谷(Baserange/Freada)、PLUIE Tokyo(PLUIE)、HAIGHT&ASHBURY、MURUA、merry jenny、Right-on(RAG MACHINE)、RANDA、Liquem、RESEXXY 渋谷109店、REZOY、Little Trip to Heaven. Koenji、Little Trip to Heaven. Shimokitazawa、Rosary(Rosarymoon)